玉点建筑设计十年

刘谞　主编

中国建筑工业出版社
CHINA ARCHITECTURE & BUILDING PRESS

序一

行云流水

记得早在1995年，刘谞准备出一本有关建筑创作的书，看了他厚厚的文稿感触很深，于是就写了"一个西部建筑师的悟性"，后来这篇序发表在《新建筑》刊物上，也把它收入到我的《西部建筑行脚》一书里。是因为我觉得说出了我还有刘谞的心里话。我至今很不愿意被别人称呼为"地域建筑师"，因为北上广也有地域，建筑师如行云流水，走到哪里虽有因果，但难以预料。这就是刘谞经常所说的"非既定性"吧。

行云与流水在中国六分之一的土地上飘荡，浪漫而又务实地在建筑与城市的土地上耕耘。"玉点设计"成了一"篇篇"独特的云与流向新疆各地的水，遍地开花。看到他们尤其刘谞的作品总感到有一种气韵飘来。建筑师的作品往往被逼成"匠气十足"，也就是模仿、规程太多而失去了灵气。中国论画最崇"气韵生动"。其实建筑也是如此，好的建筑必然会排斥各种杂音以及种种不和谐的因素才得以纯感人。"玉点人"在尊重种种环境下创作有个性、有魅力的建筑，是为可贵。在如今的建筑设计市场里，坚持创新，成为一枝奇葩。

我与刘谞相识三十多年，当年他去海南下海，我说累了就回来吧。结果他从建筑商又变为建筑师，回到了设计院。后来派去喀什挂职当副市长，我说这对你有好处，他去了。回来后几年，有次我们晚上在外面吃饭，接到建设厅组织处的电话，叫他第二天去，我就举杯说祝贺你去规划院当院长，成为第一个祝贺的人。后来规划院改制成功，他开始了又一轮的创业，事实证明，他和他们团队赢得了社会的认可，取得了令人瞩目的成果。

他们的"东庄"，和我的山居也就不到两公里，看着他们设计，施工的过程，对"玉点"人来说就是一次生动的建筑实践课，期待着建成之日，邻里相往，把酒迎风，畅谈建筑与人生感悟，岂不美哉？

王小东

中国工程院院士

2014年8月

序二

赏心悦目

老朋友刘谞的书出版了！

他第一时间发给我小样，同时嘱我写序，这令我有些惶恐。刘谞比我年长，无论是人生阅历还是执业经历都比我长，虽然多次一同出行甚至远赴国外开会和考察，对他的为人与秉性熟稔，然而他所工作实践和倾注心血的地方却是离我那么的遥远，甚至我都没有到现场去近距离体味过他的作品，我无法在脑海中呈现出他三十余年来在大西北的工作景象。这种既熟悉又陌生的状态真是令我有些诚惶诚恐。但缘于友情，缘于对刘谞几十年来执着奋斗在西北边陲的敬佩，缘于他对建筑的思考与探索，更缘于他充满激情和人文情怀的对建筑的理解与热爱，我还是怀着一种敬佩更多是感动的心情来写这篇序。

准确地讲，这是我读这本书的感想和体会。

正如作者自己说的，这的确是一部"与荒漠有关的西部建筑实录，是对如瓦工般用水、泥构筑当地人生存空间的解说。"但这部"解说"并非像讲故事般那么充满着趣味和快乐，而是刘谞大半生践行他心目中建筑理想，有困惑、有彷徨、有痛苦、有汗水的一部人生职业生涯的写照。像所有学建筑的年轻人一样，刘谞是抱着对建筑本原、人类生存本原探究的好奇一步步走到今天的。

这本书中记载了刘谞主持设计的近四十个作品，其中将近一半是已经完成的项目。这些项目涵盖了剧场、博物馆、文化中心、图书馆、酒店、办公楼和城市设计等多种建筑类型，仅从项目的类型上可以想见，刘谞的建筑创作带有极强的偏远地区建筑师的创作特征，那就是各种类型"全能设计"，较之一线城市大设计院建筑师们的对承接项目的挑挑拣拣，刘谞显现出的是一种职业的包容和豁达。其实本书记载的仅是他职业生涯创作作品的一部分，还有许多项目并没有收录进来，我相信其中一定有那些地处偏远、条件极差、环境恶劣、极不规范、几乎不具备设计和施工条件的项目。这些项目完成的过程是一线城市建筑师们难以想象的，但这或许是身处大西北建筑师们的一种常态。对这些作品的评价绝对不仅仅是美与丑的问题，它们会带有更多的社会和人文层面的评判，带有更多的社会的责任和建筑师的人格、情操和道义的体现。2014年8月在南非德班召开的第25届国际建筑师大会其中宣讲的一个重要的主题之一就是"建筑师的社会责任"，面对当今人类社会面临的自然灾害和人为的灾难，面对人类生存环境的破坏，建筑师的责任被一再提升到一个更高的高度，那就是要以自身的职业道德和专业技能为社会的发展和人类的进步作贡献，无论你处在一个怎样的环境中，也无论你面对着怎样的困难，因为你是建筑师，正是这一职业赋予你不可推卸的责任，这也是建筑师的职业精神。从刘谞这本书收录的几十个作品里，我看到了作为一位常年在大西北执着实践的、有社会责任感的职业建筑师的形象，其作品中折射出来的他几十年的实践与其职业精神的体现或许是这本书出版的第一个意义。

这本书出版的第二个意义是理论与实践的呼应。书中第二部分收录了刘谞在建筑创作的同时对建筑学、城市、人文和地域所进行的思考，是一位资深建筑师在深刻思考之后，用亲身的创作来诠释和印证自己的观点的记录，这是一个漫长的思想的长征。作为地域特色鲜明的新疆地区的建筑师，刘谞显然没有站在一个"拿来地域主义"的立场去思考问题。他认为，夸大民族建筑文化的不同，会对民族的建筑文化研究形成一种误导。他借鉴歌德"世界文学"的构想与预言，以歌德对文学民族性局限的论述来对当下地域建筑和民族建筑进行思考。他鲜明地指出，那些被人普遍认定的"民族形式"，是对建筑创作久远以来迄今仍未完全退却的顽固束缚。所以在他的很多作品中可以发现那种深刻体味人的活动和使用，回归自然环境的执着，而并非有常见的地域或民族符号的堆砌。其理论观点和实践对当下繁荣和提升中国建筑创作理论与实践无疑具有相当积极的意义。

读这本书，你会发现刘谞是个慎独者，他在书中写道，当学术交流变成炫耀、自说自话、一种渔利形式的时候，质朴、纯洁、善良也就远离了，学术不再是文化的交流。他像"远离毒品一样地躲避当今的所谓各种'学术'活动"。从中可以看出，刘谞的确是一个有坚定自我信念，不阿谀逢迎的有思想的建筑师。在中国城市建设大跃进的时代，以手头功夫表达创作的理念，建筑师们的出道多是先有设计作品，再在此基础上总结理论。其实很多建筑师更是在疲于应付"短平快"的创作状态中，无暇顾及设计理念的思考和理论的研究，甚至失去了思考的能力。然而，刘谞却不是如此，早在20世纪80年代，内地的建筑师们因其表征出的鲜明的异域风情符号而对新疆建筑给予极大的兴趣和关注时，刘谞就在《建筑师》上发表过一篇"对建筑民族化及其传统与创新的再认识"文章，直到二十几年后今天，他依旧思考并执着地坚持着自己的创作理念。他认为，气候、环境、民族、民俗、文化、经济、建材、技术等背景元素，决定着建筑最基本的构造原则。他认为建筑的功能比形式更重要，他并没有归纳形制和类型，而是坚持着与地域结合的设计原则，他提出的"技术没有高低，适合的就是最好"的理念今天看来都是符合我国当下倡导可持续发展建筑的生态设计观。他的作品中很少看到那些高档材料的堆砌，追求低造价、低装饰、低技术与地域文脉的结合构成了他几十年创作的主调。在大西北几十年的设计生涯中，他形成了自己独到的见解："施工不必精致，到位就好，没准二十年后还会推倒重来；……现场要熟悉，最好有高程的总图，一份尽可能详细的任务书，有时间一定会亲自给甲方讲解方案；中与不中标没有关系，用心完成一件值得做的事儿就是结果。"几十年的职业生涯，刘谞就是这样执着、坚韧、淡定而有个性地坚守着自己的理念。这一点在当下消费社会中，在众多实用至上、投其所好的设计师圈子里，刘谞的作为显得是那么的难能可贵。表里如一的性格，也展现出他敢于批评的精神，他在书中针对一时间"虚假的、编造的、杜撰的'古民居'铺天盖地"给予了明确的批判，"……睁大眼睛仔细分辨哪些是过去的遗存，犹如大海捞针。可以看出这是有计划、有目的、有自以为是的专家，在光明正大地破坏历史遗存和传统民居，没有文化和历史感的人装学问真是愚昧加混账！"多么旗帜鲜明的观点。刘谞就是这样一个敢于表达自己观点的人。

性情如此，做人如此，创作如此，做文章也是如此。

读他的文章，不艰涩，不矫情，古今中外，纵横捭阖，一把抓来，糅合到专业中去，夹杂着嬉笑怒骂，酣畅而有力度，远胜于那些玩文字游戏或无病呻吟的所谓论文。这都是缘于他长期积累、思考和信念坚定的一种无畏精神。他文章说到哪里，就论到哪里，没有太多的格式、版式和字数的羁绊，显然刘谞写文章第一不是为了发表，所以他的文章中少有八股和功利的色彩，天高云淡，任我驰骋，读来令人赏心悦目。

本书的文字部分还收录了刘谞团队设计师们的一些文章，里面甚至包含了结构、电气和设备工程师们的文章。尽管文风与刘谞前面两篇大不相同，但作为设计师出身的读者们应该不难理解，这是作者的一种表白，那就是建筑设计是一个综合过程，不仅仅是建筑师的创意和渲染图，而应该是多工种、多专业相互配合的成果。书中结构、电气和设备工程师们的文章都从各自专业的角度，全方位地诠释了这个团队的设计作品。读者可以通过这些文章比较全面地了解不仅建筑，也包括结构、电气和设备在内的全工种设计师们为实现设计作品，为贯彻设计理念所作出的艰苦努力和成就。这也是本书的另一个特点。

这本书的名字叫做《玉点建筑设计十年》，收录了17个建成项目，21个方案设计，17篇专业文章。我以为这只是刘谞他们思考和创作的一个序幕，后面的精彩更令人期待。

其实，就这本书的意义我说了这许多，还不如刘谞自己所说的透彻和精彩：

"这是一本与荒漠有关的西部建筑实录，是对如瓦工般用水、泥构筑当地人生存空间的解说，记录了我在本书出版前30年间在166万km²的沙漠、山峦和绿洲的实践和体会，图的是续延丝绸之路的辉煌，哪料想承传却是如此的艰难与无奈。……"（引自本书前言）

向战斗在大西北的建筑师和工程师们致敬！

谨以上述文字贺本书出版，是为序。

庄惟敏

全国工程勘察设计大师
清华大学建筑学院院长
2014年8月

前言

在新疆······

日子过得快，十年还没回过味来就已成了过去。这本为纪行玉点建筑设计研究院的书迟到了两年，这全因我的微博短语混杂其中，总是觉得别扭，后来天大出版社另行出版了《私语》。这个设计院与新中国成立前的事务所不同，中国的设计院直到20世纪80年代初有了些许新的尝试，但存活下来的不多，西域的孔雀都东南飞了，倒是进入21世纪后，慢慢活跃起来，经受住了来自各方的诱惑。坚守已是玉点院成长的常态和乐趣，大家订下了三条规矩：用尽所长为居者尽职；安全而又生态；朴素、认真地磨炼自我品行。

两千多年前张骞西出，苍茫一片、飞沙走石、大漠孤烟。有道是"春风不度玉门关"，这是一个几乎感觉不到春天和秋天的地方，同样"千树万树梨花开"，那大雪飘飘权且是对果实的迷恋。情境之下，建筑的技术和方法乃至艺术更像工具，热衷于"体验"只是非常自我的表现，社会进步也许需要这种探索，但最终还是重新回归到建筑本源和空间的真实。渴望不同空间需求的人们，正等待着每一时期的建筑给予他们恰当的历史回应。神奇得很，一条线可以划分国家与地域，也可以把原本完整的空间划分成不同的属性。在西域，特别是新疆，以玉门关为界分成"口内关外"就不足为奇了。生活在"城外"连接亚欧的丝绸之路上，三条来自不同方向和起始的文化，奇异地汇集于天山南北，沉淀着亘古以来人类伟大的文化宝藏，呈现出"并列"、"混合"、"叠加"、"嬗变"、"涵化"的复杂形态。由于自然环境的彪悍，使得所有的一切都被皈依在烈日之下、暴风雪中、戈壁之上，形成了独特且封闭的文化自尊，这是关于西域建筑故事的前提。人类的文明或许是这样，常有枯木逢春、古莲开花的奇葩，何必追求永生，每个人和建筑都是自己的永恒。这西北的边疆，有太多文化。

山脚下一些石头散落在牛马羊群走过的地方，石块长满了青苔、吸附着尘埃，沐浴着阳光、雨露和风雪。人们生活在容器里，西域雄浑苍茫多是在影像中出现，缺少了场所即时狂风和狼的嘶嚎。设计师不得不扪心重新思考建筑的本质：功能、空间、造价，众多不确定的因素改变了原来的经验，"形式"都被"非既定"的结果掩埋了，主义与理论、传统与现代也被烈日烘烤得卷起了叶子，于是，便有了"非既定"的路过并留下既定的历史。时间只是人类给自己的一个约定和秩序，明天和今天没有区别。非既定和既定总会相遇的，交汇的场所是空间，方式多种多样。这种空间不只是在建筑里出现，在生活中也无处不在。建筑成了空间的载体之一，空间给予建筑于生命，好建筑就是一个真实的好故事。山是既定的，云是非既定的；海是既定的，浪花是非既定的；雪花是既定的，融化是非既定的；看山、踏浪、赏云，这些缘于"玉点人"对待建筑学科的浅显理解。非既定是哲学衍射的靓丽伸展，既是哲学空间里的物质属性，又是一个不断否定原初和裂变的瞬间，遍及周围。不议论身边涌动多少事件，没有什么可以告诉别人应该这样或那样地去做，浪漫满屋、无拘无束、云聚云散，形式和语言在于无形无语之中，在自由自在中享乐时空。每刻都是新的开始，生活充满跌宕起伏，在丛林、蓝天、沙海幻境中获得极值，集体便是非既定思维存在的最高境界。非既定不是虚无主义，虚无缥缈是不现实的真实存在，具有较强诱惑力和前瞻性，能够超越当下被环境所困惑的空间状态，理想着未来风帆没有确切的目标但却是指引行动的开始和自我浪漫乐章的前奏。它是需要落地生根的，是既定事实的反向证明。承认事物的不可测量、不被理解、不能认知的事实，公正地对待过去和未来。它喜爱当下，憧憬未来，不固执、不防卫、不竖旗帜，是不可能产生排斥异己和唯我独尊的空间。非既定不是唯心主义，设计过程是解决各种复杂结构的创作来解释原型，是既解决当下的空间问题也关注着未来，有坚定的根基又有随风飘扬的枝叶，向往理想但不预测未来还时常眷顾过去。空气污染、垃圾污染、感官污染、信息污染、大人对孩子的污染，这些都需要永恒的非既定劳作来解决的。这本既定的《玉点建筑设计十年》也许是对热爱并执着地生存在这里的西域设计师们非既定瞬间的历史记载。

大漠无孤烟。新疆玉点建筑设计研究院深情地热爱着新疆，至此不得不说些自豪的话，大家给予了"中国百家名院"、"全国优秀勘察设计企业"、"全国诚信企业"、"建国60年建筑创作大奖"等等的荣誉，收获到"中国四代建筑师"、"中国百名建筑师"、"全国优秀科技工作者"称号。

能出这本书，忍不住要深深地感谢中国建筑工业出版社、中国建筑文化遗产杂志社给予这么广大的支持，沈元勤、金磊、李沉先生及林啸和玉点院其他建筑师们，正是在他们的全力帮助和最可贵的支持下，得以付梓。编著时也得到了林啸等同事耐心准备的各种资料。十分谢谢新疆城乡规划设计研究院、新疆玉点建筑设计研究院给予的支撑平台使得编著如此顺利。

王小东院士、庄惟敏大师揭开了本书的序幕，令我感慨万分，再次谢过。

刘谞
甲午于七彩七楼

目录

第一篇

实例

美克大厦

美克大厦（2002年）：刘谞 杨军 吴晶 丁新亚

美克大厦位于新疆乌鲁木齐市北京南路，是集会议、商业、办公为一体的多功能建筑。2002年2月设计，2003年11月竣工，总建筑面积33153m²，地上20层，地下2层，总高度81m。

美克大厦平面呈"凹"字形，标准层以此空间三面组织安排，除建筑体内的交通体系外，还建立了"凹"内的垂直交通体系，以便达到人流行为的共享性，第20层将敞口做横梁式封闭，从而形成"内天井"与"新视窗"的流动空间构成。沿街立面以暴露的结构梁、板、柱及防火必需的敞开式楼梯间，经过拼装来表现家具公司特有的卯榫之关系，并试图以结构构成新空间的方式来表达建筑的情感。

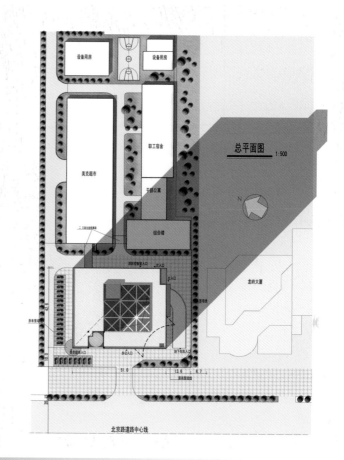

总平面图 1:500

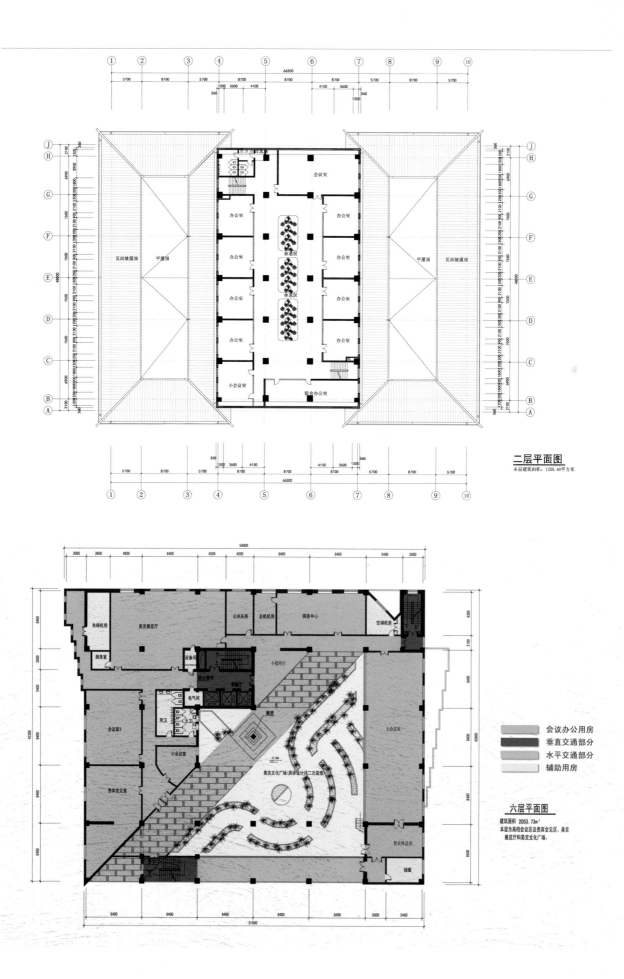

二层平面图
本层建筑面积：1258.40平方米

会议室

办公室 办公室

休息区

办公室 办公室

休息区

办公室 办公室

办公室 办公室

小会议室 联合办公室

瓦面坡屋顶 平屋顶 平屋顶 瓦面坡屋顶

电梯机房 美克展览厅 公共关系 总机机房 商务中心 空调机房

服务室

设备间

男卫 小接待厅

电气间

展廊

会议室3

小会议室

贵宾会见室 美克文化广场(具体设计详二次装修) 大会议室

贵宾休息室

储藏

	会议办公用房
	垂直交通部分
	水平交通部分
	辅助用房

六层平面图
建筑面积 2053.73m²
本层为高档会议区及贵宾会见区、美克
展览厅和美克文化广场。

14

泽普县幼儿园

泽普县幼儿园（2002年）：刘谞 董少刚 马俊德 王江铭 李刚

泽普县地处塔里木盆地西部边缘地带，是新疆为数不多的沙漠绿洲地貌的县区之一。泽普县幼儿园位于泽普县区内，西侧为城市道路，北侧为泽普县职业中学，该地块为一规则矩形，南北长110m，东西长60m，环境安静，交通便利。

1. 平面打破将民汉学生一分为二，互不干涉的布局形式，而以食宿分开，活动交流融合的方式进行平面布局，将幼儿活动室及寝室布置在地块的南北两侧，以单廊的连接方式为活动室及寝室争取南向阳光，由沿矩形地块对角线分布在附属用房将两部分连接于中心地带的室外活动场地——民汉交流空间。同时将音体教室及公共活动用房与民汉交流空间贴邻布置，一起作为集中的活动空间。

2. 入口部分错离中心地带，避免直接进入，而巧妙地将活动室与通向民族部分的走廊所形成的空间作为入口部分，并以引导型的架子增强入口的可标识性。

3. 室外空间由于室内布局的灵活划分而具有很大的灵活性，既有较封闭的院落，又具有开阔的场地。穿插其中的石铺小路、戏水池、矮墙、木桩及花池将几部分室外空间相互联系而又适当分隔，而绿树、花池、水池与黄土的对比，使整个室外活动空间生动有趣，同时也反映了泽普县沙漠绿洲的地貌。

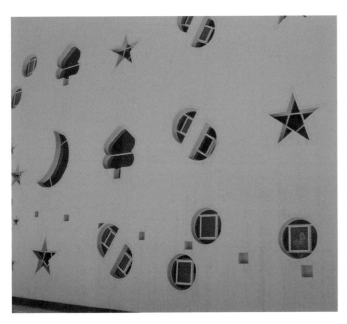

喀什科技文化广场

喀什科技文化广场（2003年）：刘谞　林啸　彭勃　克达木　张中　张榕辉　张青　李刚

喀什科技文化广场是集喀什市科技园、青少年活动中心、老年活动中心、喀什噶尔影剧院为一体的综合性多功能公共建筑。该建筑总用地面积36017m²，总建筑面积62033.03m²，占地面积14656.79m²，建筑高度22.5m。

在规划设计中力求创造布局合理、注重生态、环境优美、空间丰富、造型独特的公共建筑群。建筑主体沿东侧城市主干道布置，形成开阔的城市–建筑交界面和集散空间。西侧对城市公园作了一定的避让，保留现有古树与之共生共存。通过不同建筑语言和处理使自身建筑群和周边城市环境融合、协调。

鉴于建筑功能的多样综合性，将建筑划分为四段。四大功能体块相互穿插、互相跌落，相似功能厅室的合用使建筑浑然一体。

建筑空间造型上充分满足功能要求的前提，以尊重当地建筑文化的理念，创造一种全新的、独特的地区性建筑形象，体现喀什地区富有特色的文化历史和建筑精髓。

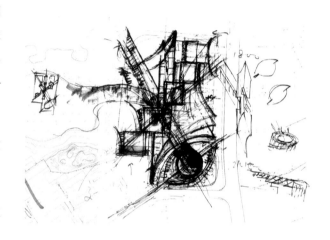

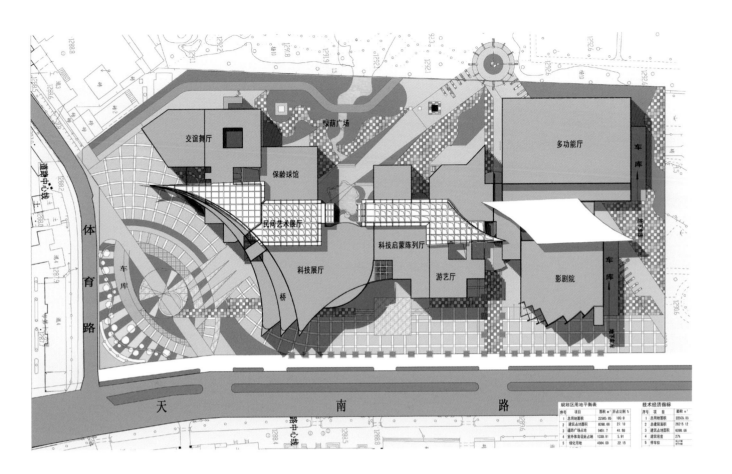

科技展厅 桥

和田地委办公楼

和田地委办公楼（2004年）：刘谞 林啸 张中 张榕辉 李刚

本工程资金不足，规模、标准均不豪华。设计时力图对当前建筑创作中，无序、违反客观和现实能力，盲目追求"新潮"手法作出一种反叛尝试。该工程位于和田市，用地面积19280m²，总建筑面积：13360.8m²，建筑高度21.10m。

便捷、简洁，各功能分区之间联系紧密，共享一个主入口，路线简洁流畅。建筑原材料大都当地生产，并无特殊产品及材料的选用与装饰。基底占地面积小，节地并节省土方量。工程造价相对同类型建筑低，单位建筑面积造价为1700元/m²。在满足日照与通风的前提下，外窗面积设计恰当合理。夏季较少日晒，冬季降低耗热量。

注重生态环境保护避开原有的树木草地，与周围相邻建筑关系协调。不遮挡日照并有良好的通风和视线。在车辆与人流组织方面不干扰周围建筑的正常使用。无噪声，不污染破坏周边环境。注重自然采光与通风，体型集中。

尊重原生态，裸露地面。尽量减少硬化铺装地面，从而保持了土壤、树木、天空的相互作用下的环境平衡。建筑融合环境之中，不与环境争辉，达到了相得益彰的效果。本工程是一个在贫困地区的典型节约、低能耗、注重生态环境的创作思维与方法的尝试。

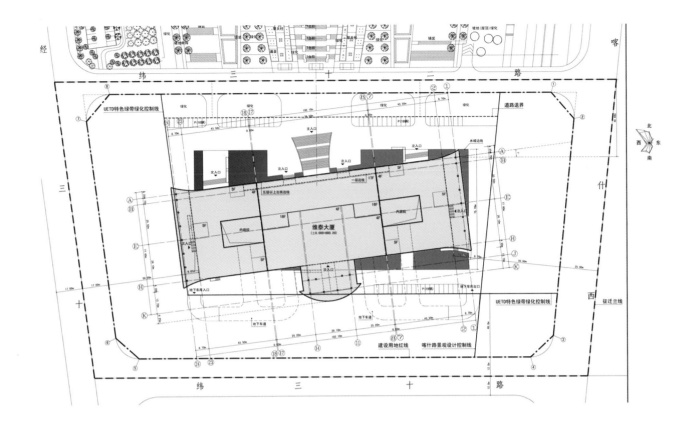

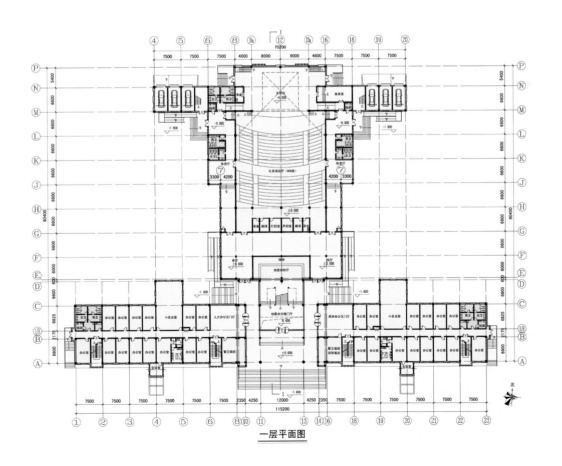

一层平面图

奇台犁铧尖大厦

奇台犁铧尖大厦（2005年）：刘谞 郭东 克达木 王江铭 李刚

奇台犁铧尖大厦位于新疆昌吉州奇台县东大街和皇渠沿巷形成的三角地上，当地人将该场地称为犁铧尖，以犁铧尖为中心辐射有五条街道，原址是当地居民的破旧民房。本工程建筑面积：10025m²，框架结构，地上6层，地下1层，建筑总高度27.7m。2004年3月设计，2005年11月竣工。

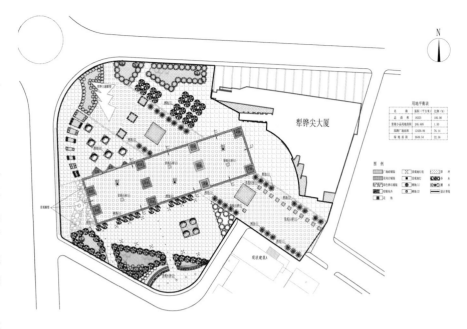

面向广场的主入口是展览、文化中心，沿街的方向为博览商业入口。展览、文化中心的主入口与办公分离，通过合理、便捷的交通人流组织满足各功能的需要。建筑形式更多地强化内部的流动性和室外的通畅感。

从形态上犁铧尖大厦具有丰富的视觉体验，东高西低，面向广场的曲面、高低错落有节奏的板墙、倾斜连续渐高的清水混凝土门框架、层层叠叠的大台阶试图营造非常有韵律的空间序列，对比强烈的色彩通过不同的角度，产生不同的感受。建筑有机地结合城市空间环境及当地的历史文脉，用"非既定性"理论手法，自然生成建筑本体。多种形态地交织、动态的体量组合形成的磅礴体量显示其与环境的生动组合，在对城市空间环境的补充与提升的前提下，增加街区的活力，在秩序中表现其文化内涵与空间特质。

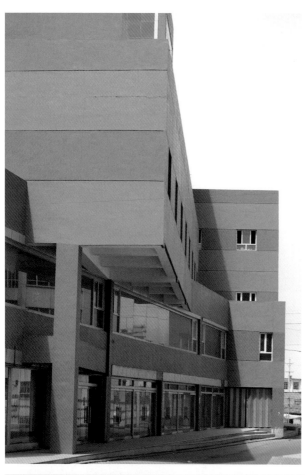

泽普县影剧院

泽普县影剧院（2005年）：刘谞　林啸　马俊德　苗劲蔚　李刚

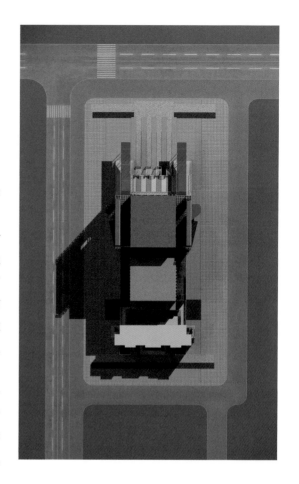

泽普县影剧院位于新疆南疆要塞泽普县城中部，是集会议、演出、电影放映和活动中心为一体的多功能建筑。于2005年2月开始设计，2006年9月竣工，总建筑面积4728.60m²，其中影剧院为3387.02m²，活动中心为1099.38m²，观众厅为750座。建筑主体一层，附属用房为两层，总投资1000万元。

建设用地为南北向规整的矩形，在总图布置上打破传统影剧院设计理念，将以往被设置在后场的演艺区部分提至整个场地的最前端，观众从舞台后方入口，并以建筑本身功能要求的高度为背景，结合建筑前广场，形成了一个既庄严又有民族特色的开敞公共空间，在场地的后部布置两层高的活动中心，使其和影剧院观众出入口部分围合成一个半开敞半封闭的围合空间。这样在保证建筑自身功能要求的同时，也充分满足了业主要求兼顾县城群众集会活动的要求。

影剧院一层主要为观众厅和舞台及附属用房，二层沿观众厅和舞台两侧布置休闲走廊和休息厅并通过架空天桥和后部的活动中心连接，方便人员的使用和联系。在立面空间处理上运用大体量的体块组织加以穿插于建筑主体的构架和墙面上富有民族特点的纹理图案，营造出具有地域特色的文化建筑氛围。

乌鲁木齐市青少年宫、科技馆

乌鲁木齐市青少年宫、科技馆（2006年）：刘谞 马俊德 王江铭 李刚 马靖

乌鲁木齐市青少年宫位于新疆维吾尔自治区的首府乌鲁木齐市，是集青少年素质培训、学习、演出和少年儿童活动中心为一体的多功能公共建筑。2006年4月设计，2007年11月竣工，总建筑面积27113.48m²，地上局部5层，地下1层。总投资约7000万元。

建筑由9花瓣按台阶式成圆环状布置，拾阶而上步步登高，象征好好学习，天天向上；又像一张张白纸、一本本打开的书籍，37m高的旗杆似巨大的铅笔和日晷刺向天空，象征探索宇宙的向上精神。在设计中建筑师通过将各大功能体块有机围合形成犹如绽放在傲人雪峰的瓣瓣雪莲花。建筑姿态轻盈而灵秀，建筑坐落于葱葱绿化之中。通过这种独特的建筑形态来体现西部特有的文化内涵，使其周边环境和色彩相协调，力求创作出一个改善和美化城市景观效果的建筑作品。

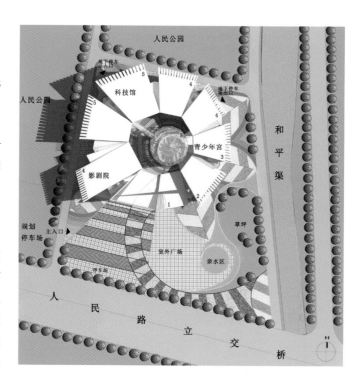

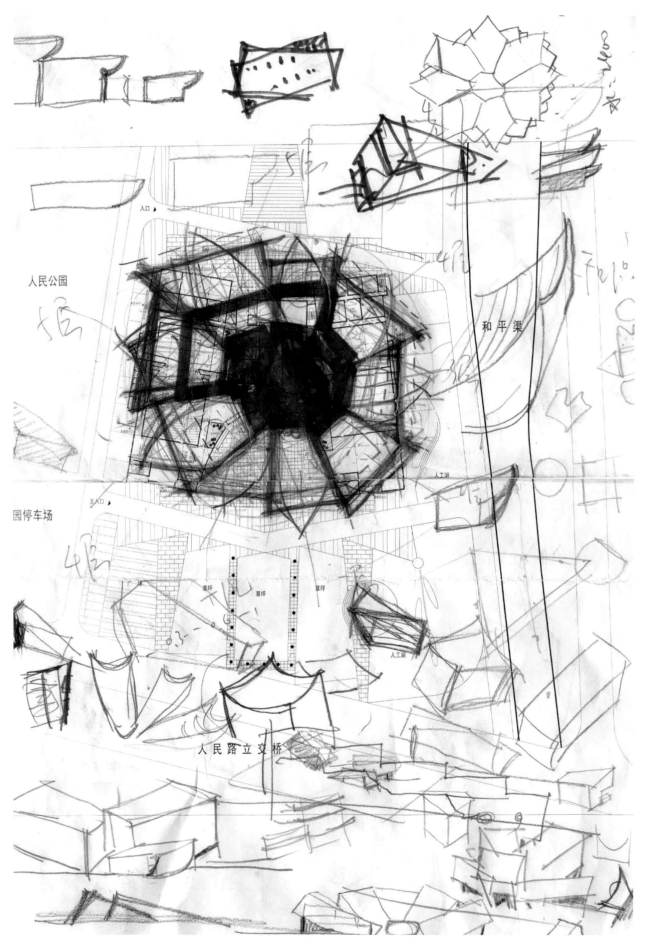

人民公园

和平渠

园停车场

人民路立交桥

　　场地入口处设置了集散广场，使之作为西侧入口的过渡空间，起到人流疏散的作用。同时作为家长等候的室外空间，场地中部的原有树木仍然保留，以减少对原生态绿化的破坏，在靠近和平渠一侧利用现有水资源，将和平渠水引入场地，结合广场规划设计和场地划分，设计了可供人们休闲娱乐的，同时向城市空间过渡的"亲水广场"，使建筑由于外部环境的规划设计而与城市空间有机地融合。

和田财政局会计培训中心综合楼

和田财政局会计培训中心综合楼（2006年）：刘谞　郭东　克达木　张青　张健

　　和田财政局会计培训中心综合楼位于新疆和田市屯垦路南侧，此处地段为和田市规划的政治中心区。和田市政府考虑在大楼对面建一个市民广场来美化当地环境，广场周围建一些政府职能部门的办公场所和居民区，要求广场周边建筑要体现地域文化和创造独特的建筑文化。本工程建筑面积：8185.82m²，框架结构，地上5层，地下1层，主体高度21.3m。2006年6月设计，2006年8月中旬开工建设，2007年10月竣工。

　　从外观形态上看，具有庄重的四方体型，通过四个角的玻璃房间和中间入口部分外倾的构架，再结合平面上凸凹的空间形成了立面丰富的视觉体验。粗细对比强烈的墙体材质配合白色的构架，在各个不同的角度都能给人强烈的感受，在一个周边建筑风格各异的场所该建筑可以给人们传递这样一个讯息，告诉人们今日的建筑不仅提供了一定的功能，其自身也扮演赋予其精神的承托，使其自身就成为一件艺术品。在对城市功能的补充与提升的前提下，增加街区的活力，是一种在秩序中表现其文化内涵与形象特色，以个性化的形象特征展示城市现代化秩序发展的趋势。

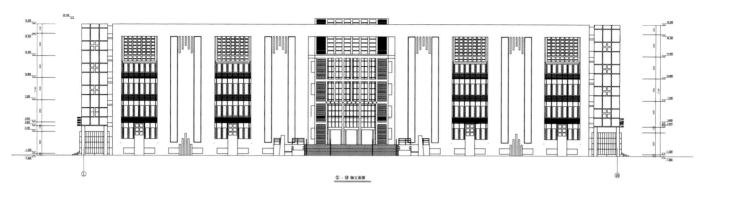

①—⑩ 轴立面图

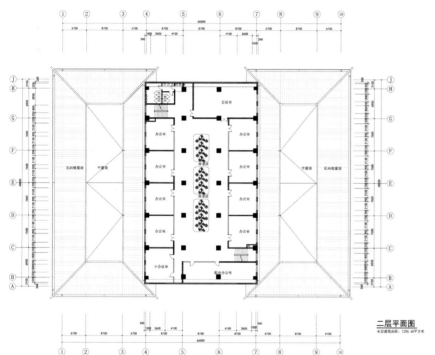

二层平面图
本层建筑面积：1258.40平方米

喀什师范大学教学楼

喀什师范大学教学楼（2007年）：刘谞 付丁 马俊德 彭亮 王江铭 王丹 李刚 马靖

喀什师范大学教学楼建设地点为喀什师范学院校区东南方向，北临图书馆，南临校医院，西临规划体育馆，东临研究生教学楼。建设用地四周道路系统基本已经建成，场地平整，南北长78m，落差1m，东西宽73m，落差0.5m。总建设用地4000m²。建筑总面积为19297m²，建筑层数为六层，建筑主体高度为23.98m。主体为钢筋混凝土框架结构。该建筑于2007年3月完成施工图设计，总投资约为3050万元。

建筑的总体布局考虑了校园及周边环境的关系，环境关系和功能需要决定了本次设计的建筑形态。在整理地块周边空间和半圆区域的同时，我们的设计力求建立建筑与道路、建筑与校园之间的良好关系。用简洁大方的形体，来整合地块与周边环境，从而打造更为和谐的校园空间。

受到场地的局限性，考虑到教学楼的使用特点及采光要求，在建筑设计中，采用"回"字形布局，扩展了采光面，能较好地满足教学楼的使用要求，在扩展采光面的同时，考虑各部分自身的特殊性和使用特点、功能、流线，在建筑的四

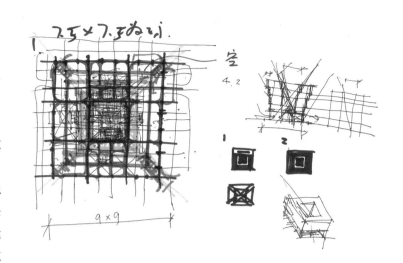

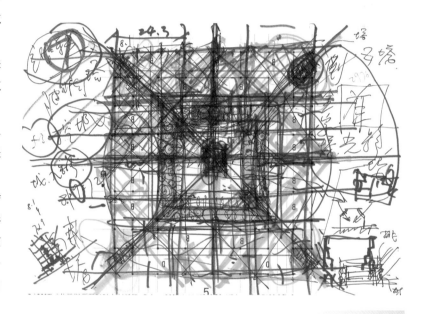

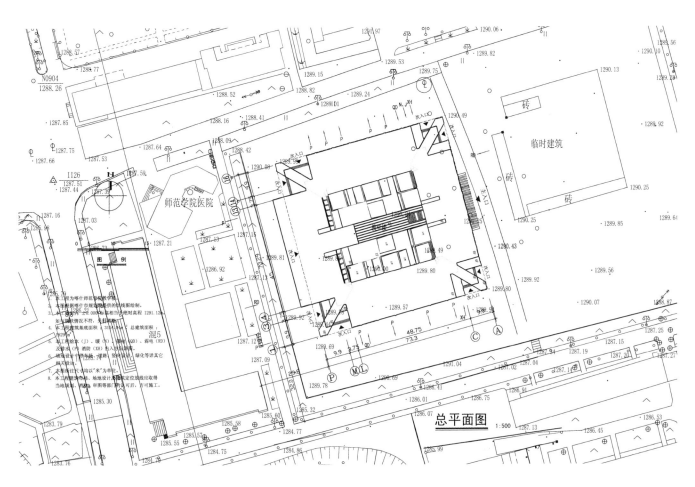

总平面图 1:500

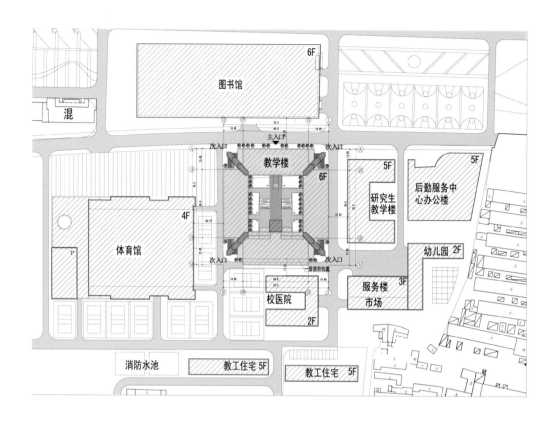

图书馆 6F

混

教学楼
次入口 主入口 次入口
6F
研究生 5F
教学楼
后勤服务中 5F
心办公楼

体育馆 4F
幼儿园 2F

次入口 一层退后位置 次入口
服务楼 3F
市场
校医院
2F

消防水池 教工住宅 5F 教工住宅 5F

个使用不方便的角部布置了四部楼梯。
"回"字形布局，形成了一个典型的维吾尔族风格的"阿以旺"式内院，内院同时兼做了小型疏散广场，通过这个小型疏散广场和建筑内部四角的四部楼梯，满足了人流的快速集中和疏散的要求。

建筑空间造型上在充分满足功能要求的前提下，以尊重当地建筑文化的理念，创造一种全新的、独特的地区性建筑形象，体现喀什地区富有特色的文化历史和建筑精髓。同时把新建部分与周围现有图书馆、校医院等现有建筑有机地结合在一起，通过玻璃幕、金属杆件和延伸感的屋顶来体现建筑群体作为文化建筑载体的前沿性。

疏附县文化活动中心

疏附县文化活动中心（2007年）：刘谞 宋永红
马俊德 张榕辉 王清亮

新建疏附县文化活动中心项目选址图，拟征迁用地31600m²（约47亩），原体育用地28450m²，总建设用地面积60050m²（约90亩），总建筑面积16613.8m²。该工程于2007年底落成使用。总投资3000万元。

疏附县文化活动中心位于疏附县县城东侧，团结路与胜利东路交汇处，与疏附县原有运动场相邻，是集运动、休闲、学习的场所。本用地范围分成两大部分，即两大主题："运动"和"文化"。运动主体是以原有运动场为主，增设了观礼台；文化主题是以影剧院、青少年、老年活动中心、图书馆、展览馆、文化馆等建筑群为表现对象，配以楼前广场，来充分烘托文化的氛围。

对建筑功能进行了七个区域的划分。观礼台区；影剧院、老年人活动中心、青少年活动中心区；图书馆、文工团和文化馆区。各区分别有独立的进出入口、互不干扰、有条不紊地结合在一起。运动场庄严的国旗台的设计，以影剧院为中心的建筑群的组合，休闲广场的旱地喷泉，运动场的绿地，建筑物周围的绿树，形成多层次的绿化空间。给人们提供一个"人文、生态、可持续发展"的空间环境。

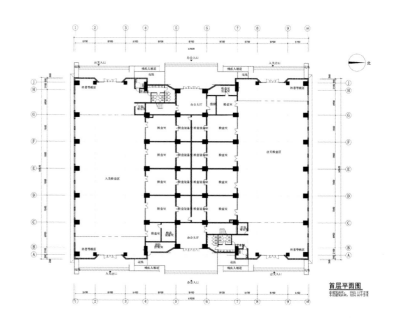

首层平面图

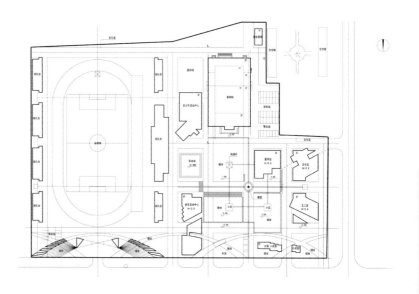

喀什国际会展中心

喀什国际会展中心（2008年）：刘谞 宋永红 林啸
张海洋 马俊德 彭亮 张榕辉 张青 张健

喀什国际会展中心位于新疆维吾尔自治区喀什市，是
集商品展览、商贸洽谈、新闻发布以及大型集会、庆典活
动等功能为一体的多功能公共建筑。2008年4月完成施工
图设计，总建筑面积47000m²，地上局部5层，地下1层，
总投资约5000万元。

会展中心由一个1万m²左右的大展厅、两个6000m²的
中展厅、两个3000m²的小展厅和一个1500m²的新闻发布
中心组成，功能分区灵活而交通便捷。1万m²的主展厅布
置在主体建筑后部，由大台阶拾阶而上，80m宽、30m高

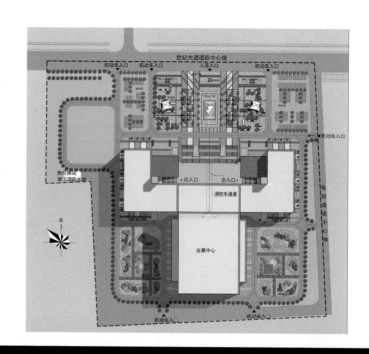

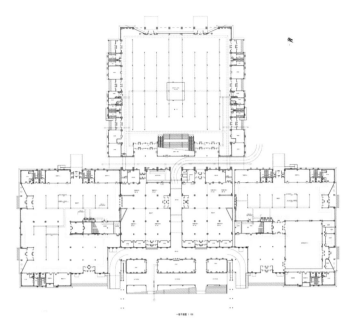

的巨大主入口形成引导空间。二层的开幕式广场有机地划分了主席台和观众席，有着热烈而欢庆的环抱空间。设计中通过水平和垂直交通互相交错将各展厅有机结合，使人们在不知不觉中已浏览了全过程。在外观设计手法上采用现代的玻璃幕墙，当地传统的小方窗，大面积实墙，使整体建筑洗练而又不缺乏时代感。这种独特的建筑形态既体现了当地特有的文化内涵，又与其周边环境和色彩相协调。

场地周边处设置了人流集散广场，汽车停泊场地，货车停放场地，人流、车流互不干扰。同时场地四周种植了高低错落、四季常青的多种树种，使各个建筑矗立在生机勃勃的生态环境中。结合广场规划设计和场地划分，设置了可供人们休闲娱乐的场所，使建筑由于外部环境的规划设计与城市空间有机的融合。

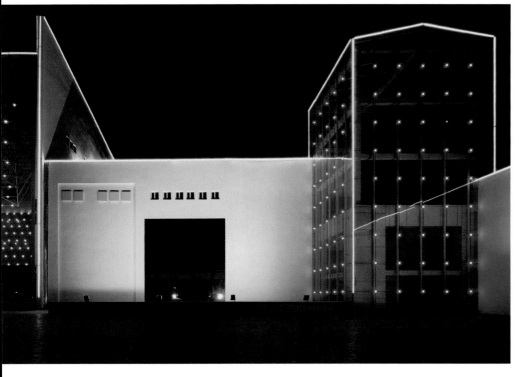

泽普中心区南大门

泽普中心区南大门（2008年）：刘谞 郭东 董少刚 王丹 李刚

本工程设计是在泽普县中心区城市规划设计的基础上结合景观设计做的单体建筑设计，由于其功能特殊化、多样化，要使其在各自的地域范围内结合规划景观的要求，显示出各自不同的空间节点，同时也从改造城市中心区出发，美化泽普县城市的环境，为城市未来的发展方向提供了一个参考点。

2008年开工建设，2009年建成，根据规划要求，本项目分为三个功能区。场地西北角为A区，本区内建筑单体功能主要体现在底部一、二层为商业街，部分建筑二层以上为商户的公司办公或居住空间。建筑单体商业、办公、居住人流功能流线清晰便捷，互不干扰。立面上的构架有丰富的空间体验和心灵体验、情感体验，质朴而又不失当代性。从广场周围不同角度来看，建筑的艺术氛围非常强烈，"龙"的符号作为互相沟通的语言与连接的纽带，使建筑群与广场互成角度，提供了多元化的空间氛围，体现着与社会自然人文的渗透与交融。

南大门是城市中心区的一个主要入口，大门是一个空间，呼应着周边复杂的环境形态。采取高低错落、多层次的弧形引导，强壮有力的柱子与柔美飘逸的大板形成强烈对比，大板奇特的造型使这个入口个性鲜明，与周围有着丰富表皮的楼群组成一片具有独特城市景观的中心区。

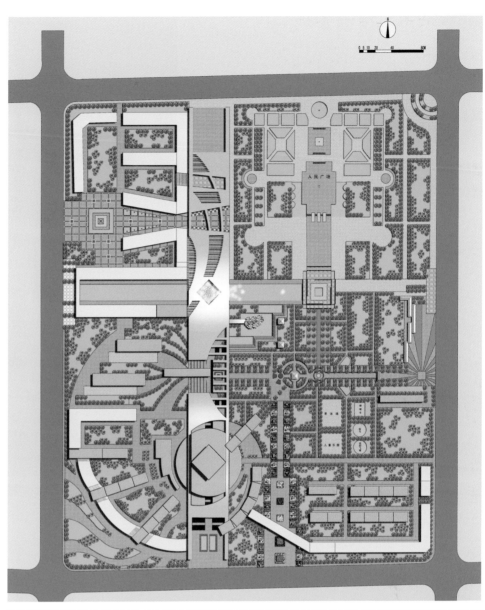

泽普县胡杨林宾馆

泽普县胡杨林宾馆（2008年）：刘谞 马俊德 彭亮 王江铭 马靖

泽普胡杨林宾馆坐落在新疆喀什地区泽普县金胡杨国家3A级森林公园院内，位于叶尔羌河冲积扇上游，三面环水，地势平坦。2008年5月设计，2009年12月竣工，建筑面积4636m²，地上局部2层，总投资500万元。

建筑为弧形平面，局部两层，朝向为北偏东35°，共有60套标准客房，其中包括家庭型套房，农庄型套房、单人间等，每层设有多功能咖啡厅、茶室，并在顶层设有大开间的多功能娱乐厅，客房、建筑的公共厅廊、楼梯间等，窗户均采用落地窗与竖向条窗相结合，视野开阔，景致优美，处处体现尊重自然环境设计的用心。

本建筑强调土生土长的建筑材质，就地取材，墙面装饰类似胡杨树身的材质以及农家小院的干打垒墙体，墙面凸凹不平，没有规律地向空间伸展、延伸，建筑一侧的屋面高低错落，一侧屋面浑圆，整栋建筑就像从地下生长出来的一样，极富生命力。

西域六分之一国土的广袤土地上，在恶劣气候下建成的泽普县胡杨林宾馆是对建筑、环境、聚落的一种态度。对建筑本身没有过多形式上的探究，而是对建设的胸怀、情愫追逐的一种境界，在干旱沙漠地区生态建筑的一种思索，对建筑的本质的探索。

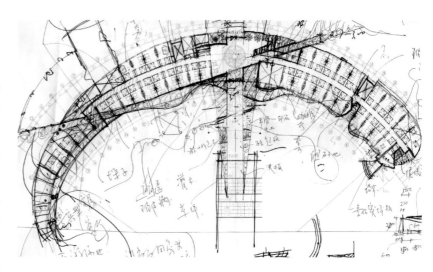

维泰大厦

维泰大厦（2008年）：刘谞 林啸 周小倩 张中 彭勃 梁俊梅 王江铭 张榕辉 李刚 马靖

维泰大厦项目总用地49800m²，除去三面绿化带，建筑实际用地为25900m²，在这个范围内设计一个规整、方正的矩形水池，建筑旋转7°后放置其中并与维泰广场中轴线对齐，建筑与矩形水池会出现不规则的夹角，丰富了场地和空间，也增加了建筑的可观赏性，使建筑和场地达到最好的统一。建筑总长度182.7m，总宽度56.0m。总建筑面积79993m²，一层占地面积为8827m²，建筑总高度 77.7m，共17层。主要功能为综合办公楼。

建筑简素的竖向线条表达一种神圣向上的高直，在逐渐变化中表达了直与曲、圆润丰泽与犀利清纯的对接与过渡，两侧渐开的花瓣，像是白净的少女衣衫。一轮红日在隐约地召唤着建筑的阳光正大，随着时间的变化，自身光影的变换，把阳光刻在僵硬但却活着的建筑肌肤之上。弧形的两翼向空中伸展，丰富的材质，让目光再次聚集，像雪莲，像花瓣，像正要起航的轮船。南侧的墙面处理跳出竖直的束缚，交相呼应的曲线线条，重复着正面太阳的投影，"横看成岭侧成峰"，巧妙的细部处理在建筑的大气中体现建筑的品质。

简约是一种文明，光而不灼是一种情怀，百年经典是一种文化。

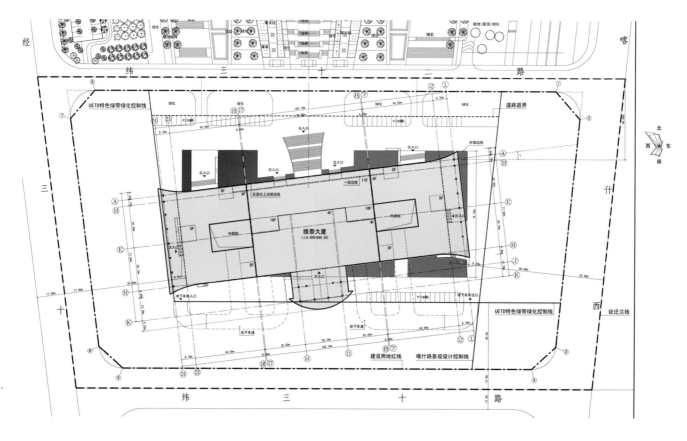

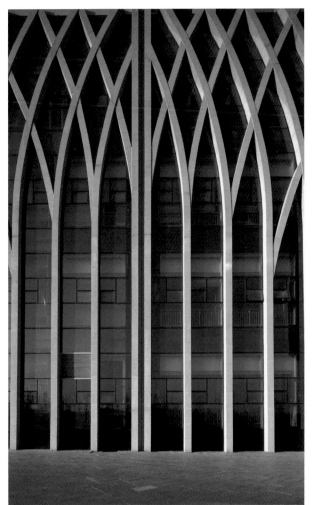

伊尔克什坦口岸联检大厅

伊尔克什坦口岸联检大厅（2009年）：王英　周小倩
克达木　张青　马靖

伊尔克什坦口岸联检大厅位于新疆乌恰县城西侧
5km，S309省道以北地带。是伊尔克什坦口岸主要的通
关办公建筑，是一个容各部门进出关检查及办公为一体的
窗口性办公建筑。总建筑面积：5522m²，办公部分地上3
层，联检大厅部分地上1层。一层占地面积为：3235m²。
建筑高度为16.5m。

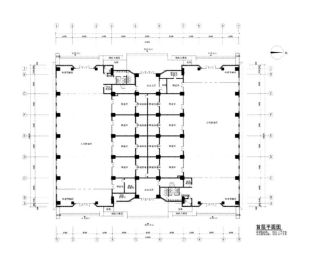

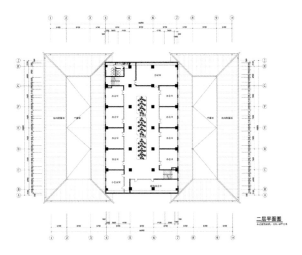

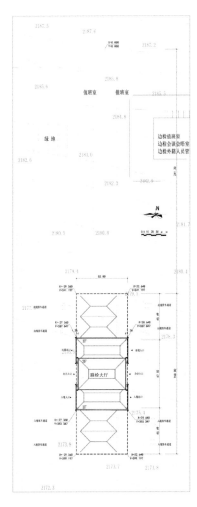

　　通关大厅本身需要大空间以满足充足有序的通关活动，设计平面以中轴对称，大空间位于建筑末端，办公空间位于建筑中心。进关和出关人流一左一右，互不干扰，办公检查一层背靠背，有利于安防、管理及设备的布置。二层、三层集中办公，采用中庭式内办公，为办公区带来良好的内部工作环境。建筑是口岸通关建筑，要求具有一定的形象识别性，设计时根据周边的环境以及气候特点，把握建筑的体量和空间感，以中国古建筑简洁和抽象的构件为元素，同时又体现通关建筑"门"的建筑特点，营造一个鲜明性格的整体形象，以提高该建筑在该边境的标志性和独特性。

卫星大厦

卫星大厦（2010年）：刘谞 郭东
彭勃 彭亮 张青 张健

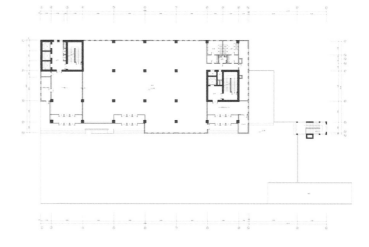

本工程建设地点在乌鲁木齐经济技术开发区卫星路，开发商为新疆朗坤房地产开发有限公司，本工程于2010年开始方案设计，经过几轮方案评选，最终选定方案于2010年10月开始施工图设计，2013年11月竣工。该工程总建筑面积28641m²，其中地上建筑面积22060m²，地下建筑面积：6254.7m²，建筑占地面积1462m²。

地质断层控制线将建设场地切成梯形，前宽后窄，充分利用特殊的地形做出不同的方案是我们构思的前提，平面布置严格按规划场地内将综合办公楼布置在规定建筑控制线内，根据不同的使用功能、不同的人员结构、不同的建筑性质以及利用地形高差把它们有机地结合到一起，从理性的分析特定的环境和特定的设计条件入手，注重整体及组团内部空间关系设计。

一层东北角为嵩山路街道办事处入口，东南角为朗坤公司的入口，中部为商场入口。其中二~三层为嵩山路街道办事处的使用空间，四~十六层为朗坤公司的办公空间。地下一~二层为设备用房和地下停车库。地下一层车库入口设在西北角，地下二层车辆出入口设在主楼的西侧负一层，两层一共可提供不少于123停车位。建筑形体从功能出发，力求从形式反应内容，力求体现建筑原本之美。细节丰富，光影富于变幻，以稳重简洁、阳光、向上为设计主导思想整片墙面搭配，再以大面积的小窗户镶嵌外墙，整体大气完整，和玻璃幕形成虚实对比。简洁的立面构成，准确的细部处理，使建筑统一并有机地结合起来。

葛洲坝新疆总部大厦

葛洲坝新疆总部大厦（2010年）：刘谞 林啸 王英 付丁 彭勃 彭亮 王江铭 张榕辉 苗劲蔚 王丹 李刚 张健

葛洲坝新疆总部大厦坐落于乌鲁木齐经济技术开发区二期延伸区内，在开发区内重要的景观主轴线上。本项目为集办公、金融、餐饮、会议和住宿一体的综合办公楼。总建筑面积51782m²，地上主楼34层，裙房3层，地下2层。主楼建筑高度为138.5m，裙房高18.0m。

考虑到本案的特殊地理位置，为和周围建筑和地块环境较好的融合，并且最大化地满足各种功能的需要，本方案采用"L"形平面布局，呈南北向布置，办公主入口设置在主楼南侧。通过合理解决和利用三角形的地块，将建筑沿三边延伸展开布置，最大限度地利用自然采光和通风。在主楼的中间部位设置了集中交通核，便于多方面的联系和高效地组织交通。

采用竖向线条来突出整体造型，强调建筑形式与建筑环境对话，展现葛洲坝企业的自身特点，以简素的竖向线条与逐渐变化的曲线巧妙的结合，寓意着葛洲坝似水流的瀑布，又似截水的大坝。同时也适当融入当地地域文化，运用渐变的曲线条构成柔美的正反相扣的拱券。通过营造一个鲜明性格的整体形象，来提高建筑在该区域的标志性和独特性。

技术经济指标

序号	项目名称	设计指标
1	建设用地面积	11192.84m²
	建筑基地面积	2993.0m²
2	其中大厦	2935.0m²
	值庭	58.0m²
	地上建筑面积	44818.0m²
3	其中大厦	44760.0m²
	值庭	58.0m²
	地下建筑面积	7055.0m²
4	其中大厦	6800.0m²
	值庭、泵房、水池	255.0m²
	总建筑面积	51873.0m²
5	其中大厦	51560.0m²
	值庭、泵房、水池	313.0m²
6	建筑密度	26.7%
7	容积率	4.0
8	绿地率	30.1%
	(用地红线范围内)	
9	地上停车位	115辆
10	地下停车位	99辆
11	总停车位	214辆

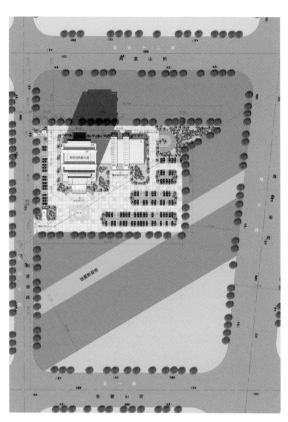

图 例

═·═·═ 拟挂地用地范围
▬ ▬ 征迁兰线范围
▪▪▪▪▪ 高层建筑设计范围
▪▪▪▪▪ 多层建筑设计范围
▲ 机动车出入口
地下建筑范围

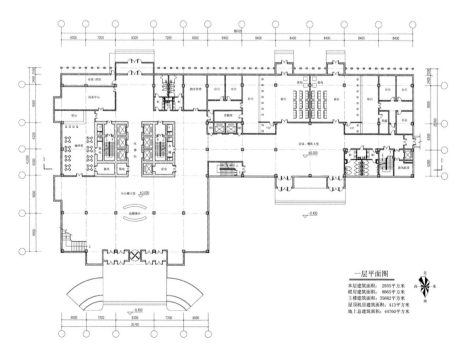

一层平面图
本层建筑面积：2935平方米
裙房建筑面积：8665平方米
主楼建筑面积：35682平方米
屋顶机房建筑面积：413平方米
地上总建筑面积：44760平方米

第二篇

理念

变异的地域建筑

刘谞

刘谞，毕业于西安建筑科技大学（原西安冶金建筑学院）建筑学专业。

教授级高级建筑师，国家一级注册建筑师，国家注册咨询师，新疆玉点建筑设计研究院有限公司董事长，新疆城乡规划设计研究院有限公司董事长。

中国建筑学会常务理事；中国建筑学会"当代中国百名建筑师"；全国优秀科技工作者；享受国务院特殊津贴专家；中国民族建筑研究会常务理事、新疆副会长；新疆勘察设计协会副理事长；新疆土木建筑学会副理事长；新疆建筑师学会副会长；新疆规划学会副理事长；新疆大学硕士研究生导师；同济大学客座评委；西安建筑科技大学常务董事；《建筑细部》杂志编委；《中国建筑文化遗产》杂志编委及专家委员会委员。

"一切建筑都是地区的建筑"，这句话准确地阐述了建筑与环境、空间、场所之间的主从与所属关系，为区域性建筑（所有建筑的场所）的创作，提供了理论上的依据与基础，也是吴良镛先生《广义建筑学》中核心的组成部分。应该说为地域建筑师提供了一条建筑创作的重要途径和广阔前景。

前不久，老友叙旧时，提到了在新疆（全国情况大抵相似），在建筑创作上，有一种倾向，既然是"地区建筑"，其创作方向就应该"越是民族的，越是世界的"，这句话太精彩了。据我了解这是鲁迅先生的名言，大半个世纪后"火"成这样也是他始料未及的。《北京宪章》突出了地域建筑在建筑创作与发展的重要地位，这是十分紧要和符合建筑创作运行趋势与轨迹的。但是把"一切建筑都是地区的建筑"与"越是民族的，越是世界的"等同起来，却是概念模糊的，两者在本质上是有区别的。前者宽泛、准确，有一个时间和场所的概念，后者片面、混沌，是一个推向极致和不可争议的观点，并不是一回事儿。例如新疆从1985年"越民族"的建筑，的确"越中国"了，但到今天"越民族"的建筑却连新疆都"越不了"，这实在是悲哀得很。它提示了地区建筑、民族建筑和变化中的地域建筑，在当今碰撞中尴尬的现状，这是一个富有哲学命题的话题，不仅是新疆问题，也是一个更广泛领域的问题。

建筑是人类改造生存环境和主观世界在精神与物质两个层面有形与无形的全部集合。人类要生存就得进行物质生活与创作，这就要求有一定的生存空间，这个空间就是人所处的自然环境。环境的原始性不利于人的生存，所以人必须通过物质生活的要求来改善这个环境，必须重新从人自身生存的需要来创造这个环境，从而形成了建筑创作。因为建筑风格是在改造生存环境中创造的。从理论上讲，人类的建筑活动是有通畅性、彼此是相互认同的。但因人类分散在世界的各个角落，面临的是不同的自然环境，因而建筑的构成在北极和赤道上的差异是天悬地隔，相互间就很难认同。建筑的民族性是生存空间独特性的折射和闭塞的使然，独特的文化氛围和信息的不对称必然产生出许多狭隘的、片面的建筑观，因而分析建筑的民族性就不能不追根到独特的生存环境和

独特的文化氛围上，即"一切建筑都是地区建筑"。

建筑形态的独特性依各民族自身所处的地理、气候、民俗、历史文脉等的不同而不同，这个不同和他民族的建筑形式是没有共同性。"越是民族的"，按鲁迅的原意的就是指民族的不同。又怎样理解"越是世界的"这句话呢？这有两种含义：一是引起世界的观赏兴趣，异国、异地区、异民族之猎奇；一是要世界理解接受，跨国、跨地区、跨民族之界线。如果要追求和引起世界的观赏兴趣，民族的建筑色彩越浓，他民族的观赏兴趣就越大。譬如中国的民族特色或风格的典型代表北京故宫，是在中国特殊文化氛围中产生的不同，在世界上绝无仅有，因此就能引起他民族的观赏兴趣。但因这种不同是建立皇权"万岁"之概念，其"龙椅"坐起来远不如"沙发"来得舒服，对现代精神来说是相对落后和反"以人为本"的。他民族有兴趣观赏，但绝没兴趣接受，"越是世界的"这句话在今天应该理解为中国建筑要走向世界，即要为世界理解接受。这才能为世界作出贡献。这就是各民族建筑文化间存在的共同性。遗憾的是，"越民族"者预先误断了人类认识的范围，并且按照传统次序来陈列。在"越是民族的、越是世界的"概念里，树叶是绿色的，太阳是不变的红色，甚或绝对真理的一加一等于二，人是母亲十月怀胎生养长大的。然而，这些传统惯性的真理已被现实所发生的事件完全改变了：基因研制的结果植物叶子可能就是白色的；事实中的阳光并非一种红色；一加一也许不等于二；孩子并不都是母亲怀胎生的。"越红越是太阳"？"越绿越是植物"？用"越主义"的方法去理解真是勉为其难。随着"神5"的成功发射，人们的认知世界进一步打开，变化和不同的地域建筑观将成为创造新空间、探索新形式的重要路径。

建筑只有融汇吸纳他民族的异质建筑文化才有可能出现同质性。古希腊文明、罗马文明之所以能丰富世界建筑艺术宝库，能为众多民族所认同，原因就是他们广采博取，海纳百川。希腊神话中的许多神都是从埃及移植的，著名的酒神狄奥索斯就是一个埃及的神；中国春秋战国时期文化的辉煌，也正是因为吸纳了齐鲁文化、燕赵文化、秦晋文化、吴越文化、楚文化、巴蜀文化以及来自西域的草原文化的结果，"真"是"有"，"真"也是"无"。"有"和"无"构成了空间。空间不仅仅是一种状态，更是一种人类活动环境的程序和秩序，某种意义上讲，"大同"具有"时间"的概念，而"时间"又无所不包容。一切物质的和非物质的都在时间运动的框架之下。假若最初的建筑形式、空间，都是在"越是民族的，越是世界的"呵护之下发展而来，那么从那一刻起到今天的全部建筑创作，都应该是重复制作的翻版。同样，也无法解释现时"地球村"生活中所发生的一切。

无论怎样，"水体"、"鸟巢"、"气泡"、"歪门"，在"很民族"的京城粉墨登场了，好也罢，坏也罢，首都接纳了它们。在乌鲁木齐城市中心区一个片区设计竞赛中，共有三家区外设计院参赛，其中一家竟然将由OMA的库哈斯设计的CCTV新总部大楼55万m²的方案，原封不动地作为自己的投标方案。在他们眼中至少认为新疆还是一块荒蛮之地。这虽然荒唐，但却真实地表征出当前建筑界文化互融过程中的所谓世界大同的盲目趋势。误将这种"实验性"建筑，和违背人类建筑发展活动基本规律（实用、经济、美观原则）的荒诞想法，以及世界大同和空前绝后"无知"的新贵建筑师们当成了时代的主流。他们既不"越民族"，却以此种精神"越中国的世界"，他们把T型舞台的模特表演，与关系到国计民生的建筑活动相提并论，以所谓新、奇、特来满足极端的个人欲望，难道现实还不能把我们从"越是民族的，越是世界的"梦想中惊醒吗？"越是怪异，越能中国"的观点，与"越是民族的，越是世界的"形成了"中西合璧"，遥相呼应。事实上两"越"的本质是相同的，都是一种狭隘的，把建筑理解成犹如毕加索、劳森伯的"我的烟灰也是艺术"的翻版，一种不能再"猎奇"的游戏而已。

在我国，有些地区还没有解决温饱问题，仍然在喝涝坝水，无力交付学费的小孩辍学事件常有发生。花几十个亿搞"标志性建筑"、"形象工程"与国情极不相符，即使经济发达国家也不会如此奢侈与盲目，建筑活动不是游戏。印度著名建筑师查尔斯·柯里亚实现了人民建筑师的追求，既是民族的建筑师，又是国际的大师，其作品实用经济又富有民族精神，同时还被世界所认同。其实，把"越是民族的，越是世界的"这句话推向极致，推向绝对真理的

位置，用来指导中国建筑创作，会形成思想束缚。歌德早就有"世界文学"的构想与预言，他看到了城邦与王国时代"民族文学"的局限性，而提出了未来意义上的"世界文学"概念。封闭对立的时代，人们寻求各民族、各国家间的人类普遍价值。人们已经普遍认为既定的"民族形式"，是对建筑创作久远以来迄今仍未完全退却的顽固束缚，传统的形式理论本身在当代已经面临着寿终正寝。不能想象面对一个尚不可知的、矛盾四起的陌生星球，建筑师如何"民族"地反映非确定的客观存在。需要强调的是：当代意识已经被"怀疑"和"不确定"等因素射穿和破坏了。原本以为极其确定的空间观念、时间概念、

大小尺度等，现在一律都在受到质问。"一切固定的东西都烟消云散了"，今天的博物馆完全有理由建造在沙漠、森林、高山之寂，连展示的方法、人流的走向、空间的理解、照明的方式等等，都在发生着前所未有的变化，传统民族的既定形式怎么能承担得起如此重任呢？现实告诉我们，"越是民族的"在今天已不能"越是世界的"。

"地域性"的迷思是另外的一种当前趋向。把"地域性"视为建筑创作源泉，在其中不断搅动沉渣的泛起。诸如以前曾有过的建筑"京味"、"海派"等等，而鲁迅时代没有"属地性"，那时的作家、学者定居自由，流动频繁，往来讲学，中西合璧，恰恰突破了

"民族性"、"地域性"的束缚，在他们身上闪耀着融合性的时代记号。与时代、与变化的世界相适应，与人的认知科学与新场所精神相同步，建筑的创作与变化中的地域精神相一致，才应是今天地域建筑师所特有的创作态度。创作的本身是一个不断变化的运动，没有任何的理论、程序能够指导它、预测它的未来。宇宙万物的发生都有其充分的理由，但自由意志却获准例外。建筑创造的理由不受逻辑必然性的严格强制约束，最好不要告诉人们"这是什么"、"这为什么"？有时"这不是什么"、"这什么也不为"，也许更真实、更富有激情。找一个概念模糊的、无形的、包容性强的、永远变异的"代理"，来代替我们常说的"那个感觉"，更符合人类创作思维的方式。"那个感觉"是每一个人所不同的，也是个体自身不断变化的，同时在同一事物的本身也是"日新月异"的。也许我们已建立的"这个空间"是不变的，变的只是人的大脑思维。这在非物质社会里一点商量的余地也没有，问题还是出在我们人类自身。也许我们能做的正像杜尚给蒙娜丽莎加上两片小胡子，说声"我做过了"的一瞬，间或是表达了个体的人在社会中的地位和坐标。建筑师的作用仅此而已，事实果真如此，理论的战争似乎可以再温和一些，应该相信打着建筑"越是民族"的旗号，企图"越是世界的"，无人能战无不胜。

当歌德谈到"建筑就是凝固的音乐"时，他真实地表达了文艺复兴时期的建筑师们所要实践的某些东西。如此一来，以调和弦为基础的和谐理论推而广之，便为建筑艺术提供了总的"优秀"标准。莱奥纳多·达·芬奇进一步数字理性化，认为只要带有数的特征，艺术立刻就能上升到更高的境界高度。这种用古罗马、古希腊的数字比例化的

建筑美学原则，来指导、创作今天瞬息变幻的社会需求，难道不觉观念落伍？把比例的数字神话成宇宙万物为设计提供了一把万能钥匙，从而，企图建立一个不受情感或非理性约束的、无可争议的、客观的"优秀"标准。且不论这与信息时代格格不入，就其理论能否作为一般美学充分、必要、可靠的基础也是值得怀疑的。因此，我们从来不排斥建筑的民族性，也不排斥建筑的地域性，只有具有生命的持续发展的"越民族"观，才是或才能"越是世界的"。

每个民族都有自己的传统建筑文化，研究各民族的建筑文化，有个方法论问题，不能一味去强调各民族文化中的不同。民族建筑创作的不同不能利用鲁迅言辞中存在的歧义为建筑创作中的狭隘观念找理论根据。特别是一些地域建筑师常常夸大民族建筑文化的不同，从而对民族的建筑文化研究形成一种误导。他们把这种不同说得高于一切，从表面上看，他们是热爱民族的建筑文化，实际是使他们处于自恋状态，不与其他文化交流。不同只能自我欣赏，自我心理抚慰，是走不进他民族的建筑领域的。物质社会、数字化的骤然来临，不定的、"无始无终"的变化成为时代的主题，建筑创作不再会尽全尽美，建筑师总是在不断地修改和变异自己的原初设想。正在发生的历史并不妨碍建筑师的尊严，在连达尔文的人类进化理论，都略显莽撞的今天，还有谁敢树起永不褪色的旗帜？还有谁能宣言"越是民族的，越是世界的"？

（本文刊登于《建筑学报》2004年第1期）

对建筑民族化及"传统"与"创新"的再认识

刘谞

现代科学、建筑的实践与理论表明、其发展趋势是整体的协调性和同步性。任何建筑规划及建筑设计都是整体的缩影,它具有整体的全部信息。因此,建筑民族化问题的讨论也绝不会仅仅在"民族化"这一本来就没有明确疆域的范围内展开。它是整个人类发展史这一空间坐标系上的一个点,寻找它的现今位置以及它的过去和将要向前运行的轨迹,则是我们这一代建筑师的历史使命。

近几年,各种报纸、杂志登载了许多关于探讨建筑民族化及"传统"与"创新"方面的文章,大致可以分为以下这么几类。

观点一:建筑走向"国际化"是大势所趋。持这种观点的理论认为,在生产力落后,各个国家、民族基本上处于闭关自守的情况下,形成了建筑形式上的不同特点,即建筑囿于民族个性。而在今天,建筑材料、结构技术等全球范围的普及,国与国之间社会形态、经济生活乃至文化意识的差异都在渐趋缩小,尤其将来整个世界进入人类社会发展的最高阶段——共产主义时,就将实现建筑史上的"世界大同",建筑的民族个性必然逐渐为未来建筑的大同化所消融,最终趋于消失。

观点二:千篇一律的"国际式"万万不能再流行了。其论点是:在我们这个具有悠久历史文化传统的国度里,传统建筑是无法置之不顾的。总结它,了解它,取其精华,运用到新时代建筑的创作中去是有益的。琉璃瓦大屋顶曾用于"十大建筑",桂林、杭州的不少建筑也应用了传统,应用了传统瓦屋顶,而且得到了中外人士的好评,这说明传统建筑富有顽强的生命力,是建筑创作的源泉。

观点三:寻找动物进化树顶端的鸟与空中飞行机器的结合点,这种结合的成果是现代化的飞机。即寻找现代建筑与传统建筑的碰撞点,笔者理解,是寻求一种"神似"效果。

观点四:"彻底"的"百花齐放",强烈的表现自我的意识,只要满足当代的物质与精神的需求,就可以自由表现,着力创新。

以上几种观点,笔者认为都涉及建筑民族化问题。目前建筑界探讨建筑发展方向时,多倚重于建筑的所谓"模糊性"、"多元性"、"控制信息论"、"形式系统"及"共时变化"等等,不加选择地把数学、语言学、物理学、遗传学等科学名词,搬到建筑理论中来,有些还真叫人晦涩难懂,不知所云。这种现象不仅造成理论上缺乏实质的建树,而且带来认识上的紊乱。上述这些观点的主旨忽视了建筑的社会、经济、民族、伦理、环境等等重要思想因素,这种不稳定的偏见,阻滞了建筑与实践的发展。而否定建筑民族化,将民族历史建筑的继承、创新,在理论上引入歧途。

一、建筑民族化是建筑历史发展的必然

随着现代科学技术迅速的发展,建筑作为多因素、多层次、多元化的综合体,已引起人们的极大重视,基于此,建筑向更深、更细、更专门化发展的同时,各种流派也相应出现,而以"国际化"风靡于世的建筑现代主义,则是其中最有代表性的流派之一。毋庸讳言,包括"现代主义"在内的,以及"未来主义"等等流派,在对"复古主义"的批判中,曾起过积极作用。尤其是现代科学技术手段的迅速更新,为建筑的发展提供了突破旧形制的基础。但是,从现实和发展的眼光进行评估,它们给当代留下的"副产品"——国际式的方盒子,世界性的千篇一律,在建筑史上造成了严重的后果,它带来的过失远大于其功绩。这一理论的症结,是仅仅着眼于满足功能单一需求,将建筑的性质单一化了。它割断了建筑与民族内在的关联,使建筑破坏了自身存在的基础,变为"住人的机器",隔离了建筑与人类的情感。

就建筑的本质而论,建筑是物质产品,也是精神产品。它不是抽象的与民族传统毫无关系的概念,它在人类活动的整个过程中,是特定条件下具体物质产品。它受人类不同社会、经济、民族、地理、环境等因素制约,它不可能超越特定的人类生产活动的制约。从现象上看,建筑的不同内容和形式是根据不同的社会需要产生的,但实质是由具体的人的需要而决定的。换言之,人是衡量建筑形式的尺度,而每个具体人的衡量尺度极大程度取决于他的民族属性,也就是我们通常所说的民族心理,民族历史、宗教、民俗等等。人们在各

个不同的社会阶段对建筑内容与形式的需要，都有其民族的倾向性。因此，我们才不难理解，世界上各个民族的建筑是那样不同。这不是一个建筑师或是一群建筑师所能改变的历史和现状。每一个建筑师只能是面对现实，在继承传统的基础上有所创新，为一个或诸多个民族创造出所能接受的建筑。建筑师可以融合各个不同民族的建筑，创造出适于不同民族的建筑物。但不管他自觉或不自觉，他必然要在建筑物上不同程度地表现出某一民族的个性。很简单，社会上不同民族对建筑的特殊需要是决定性的，这是一切建筑师为之服务的对象和目的。如果某个建筑师创作的不是为其对象服务的建筑，并企图以"大同化"的建筑来促使民族建筑的消亡，那岂不是太可笑了吗？无论如何，这个建筑师是无法提起自己的头发使自己离开地球的。

民族的形成和发展是复杂的、不均衡的，但是，它们具备了"人们在历史上形成的一个有共同语言、共同领域、共同经济生活及以表现于共同文化上的共同心理素质的稳定的共同体"（《斯大林全集》第二卷294页）。正因为各个民族都是有这些不可缺少的必然特征，所以不仅各个民族在不同社会阶段有差异，而且在同一个社会阶段、不同国家内也有差异。即使在同一国家内有不同民族，其差异也是存在的。这种差异，不管人们的主观意识承认与否，它都是存在的。作为物质产品的建筑，它的不同民族内容、形式上的差异正是导源于此。

建筑上的民族差异具有延续性和发展性，在同一社会阶段以及同一国家内的不同民族，它们在建筑的民族差异上表现力是顽强的。应当指出，那种认为随着现代化科学技术的发展，建筑上的民族差异即将缩小或不存在的观点，是违背现实的。现代化的科学技术是为不同民族的建筑需要向着高度文明方向发展服务的。至少在今天，现代科学技术还不可能使建筑上的民族差异缩小，决定这一差异缩小的是民族独立性的削弱和消亡。

二、"传统"务须"创新"

既然建筑的民族化是个大前提，那么"继承传统"与"创新"也就不是漫无天际的了。现今有许多现象表明：似乎只有打倒了"民族传统"或"现代主义"，才算是建筑创作的正确方向。而且有人总是把"传统"和"创新"相对立、相排斥，好像"传统"的东西，一定要"创新"到与民族传统割裂得越彻底越好。这不得不使人对这种"传统"的"创新"进行反思，不得不对高喊"创新"的理论进行一番探讨。

汉语"传统"一词是指历史沿传而来的思想、道德、风俗、艺术、制度等。换言之，传统是基于人们对生活的共同认识而建立起来的一种约定俗成的观念，它为人们所沿袭和遵守，因而具有其规律性。传统有地区或民族性的差异，并受到时间和空间的约束，也就是说，传统的建筑是时代的产物。它包括了人类社会活动的许多方面。从衣食住行，到文化艺术直至建筑无一不受传统因素的影响。传统因时代的不同而有不同的表现，在每一个社会阶段中，都有其特定的建筑形式与内容。从巴比伦的拱券到古罗马的穹隆顶，又从古罗马的穹隆顶到拜占庭的帆拱，再从穹隆顶和帆拱到哥特式的骨架式拱券及飞券结构……无一不是后者对前者的继承、发展、创新。这表明传统的延续起到了承前启后的作用。比较而言，传统的变革替代是缓慢的，它随着社会生产力的发展而变迁。例如：当时富于创新思想的"新建筑"理论，在今天造成千篇一律的方盒子后，也被人们列入了传统之类。从而给传统赋予了一个新的概念，那就是传统并非是一成不变的，也给那些把传统僵死化的人一个清晰的观念。创新是建筑和建筑创作的根本规律，一部建筑史在某种意义上讲是一部创新的历史，每一个时代都有各自的创新。中国美术馆、民族宫也是运用了一些传统的精华创新出来的一代建筑，现在把水平横线条，大玻璃窗视为创新，这实际上歪曲了创新本意。事实上，方盒子的建筑已经成为新的传统了，所以总是说"传统建筑要创新"。可我们回头看看中国乃至世界，建筑本身能够延续和发展，不就是创新的结果吗？这是客观存在，而不是什么人说了创新以后才有的。中国传统建筑是个活的东西，它本身在发展，这种发展，有它内部的动力，也有外部的动力。传统是不该把所谓"创新"的口号丢掉的，也不可能丢掉。不要为搞不出自己的建筑风格而苦恼，中国人终归是中国人，我们不必打着考虑什么"未来建筑"的旗帜，去表征自己的才能。向现代化迈步的伟大改革中，要求建筑与时代同步，应该丢掉的只是锁链，应该得到的是以新观念的钥匙去开启、寻求、探索广阔的祖国艺术宝库，创造出富有民族精神的现代建筑来。过去的口号是将"传统"与"创新"割裂开来，似乎"传统"就是"旧的"，或"守旧"的，这是一个概念上的误解。事实上，"传统"本身并不是凝固的、守旧的，而是活跃着生命力的。离开了传统，实在谈不上有何创新，而真正的创新，也必然意味着对传统的真正继承，所以无须提出"创新"论以混淆视听，这种破坏"传统"的"创新"势必将人们引入到艺术审美的狭隘胡同之中。"创新"这个词，已经叫了多少年了，习惯了。现在使用的含义，也与原来提出时的本义有了差别，成了"传统的建筑不行了"，"阙里宾舍"似乎也是一首"旧体诗"了，等等。这就产生另外一个问题，是不是说老的或者说旧的就都不好了呢？笔者以为，"新"与"旧"和"好"与"不好"之间，不是绝对的因果关系，不能用数学的方法来划等号。成功的作品，即使是"传统"的老手法，还是好的。不好的东西，怎么新，如何现代化也还是不好的。简单地以"新"与"旧"来作为好与不好的标准，是不能令人心服的。

三、结论

传统的本身是创新的结果，创新的积累就是传统。传统的本身包含着创新在里面。既要否定旧的传统，又要不断创造出新的传统。所以，严格地讲，创新也包括了传统。它们是一个整体，是辩证的。在一个时期，对某些传统建筑看不惯了，要变一下，要"创新"，从狭义上讲，有反传统的因素在内；但若从广义上讲，从历史发展的眼光来看，它更多的不是反传统，而是传统的继续，东方建筑和西方建筑是世界建筑中的两个派别，不能讲"借鉴"而失去其自身的特点，不能"一锅煮"。建筑是讲究个性的，建筑的民族化以及地方特色就是强调了个性。民族风格是民族个性的表现，既然建筑的个性不能否定，建筑的民族个性就能否定吗？构成建筑民族化个性的地方性就能否定吗？绝对不能！民族文化吸收外来文化，而不是外来文化消灭民族文化，建筑上尤其这样！当然，顽固执着地维护自己民族性或"传统"形式，并非一个民族强大的表现，而对与本民族文化相异的东西创造性地吸取才能使一个民族强大起来。当今世界每一个民族的传统、习惯及心理结构都受到了冲击。人们的心理状态和习惯也在不断地发生变化，况且在现代这个科学的时代里，我们有条件、有能力对我们的思想、心理及行为进行反思和矫正。所以，我们应该寻找一个更好的行为方式，应该让理性的阳光照亮道路，而不是被动地让"习惯"拖着走。我们应该注重我们的民族心理和气质，使我们能够接受和创造出更加丰富多彩的建筑形式。

（本文刊登于《建筑师》1988年第29期）

地区建筑的探寻 —— 吐鲁番宾馆新馆设计

刘谞

干旱、炎热、风大；坎儿井、葡萄架、大沙漠；佛教文化、伊斯兰教文化、现代文化；交汇在极富魄力、背景繁杂且海拔–154m的吐鲁番盆地。创作与此地、此时相协调、相融合、相适宜的建筑，以探寻地区建筑——是笔者许久以来的梦想，是一件十分令人激动的事。

笔者在创作时，试图从以下三个方面来把握吐鲁番新馆创作的构思。

一、文化环氛围的把握

在吐鲁番，佛教文化早于伊斯兰教文化，在城西10km处闻名遐迩的古城中可以得到印证。其历史至少可以追溯到公元前2世纪，据《汉书·西域传》记载，因"河水分流绕于域下"故取名"交河"。城中筑有佛寺、官署、街巷、房舍，由此可见中原文化首先传入并影响着当地的建筑文化。大约在公元16世纪初，成吉思汗七世孙吐虎鲁铁木尔统率部落信奉伊斯兰教，此时，西域大多归皈于伊斯兰教，并延续发展至今。

有必要说明的是，在高昌时期的古文书资料中，可以看到当时的吐鲁番地区还流行过原始的宗教信仰，存在着自然崇拜。

由于现代文明广泛而迅速的发展传播，历史文化与现代文化的自觉或不自觉地有机结合，已变成一种精神，一种力量，一种驱动着所有奔向现代化未来的人们的强大精神动力。这样的结合，不必枉费气力从外部寻找，它首先就在研究者自己心中—— 勇气—— 力量—— 坚强的脊梁。

基于此，首先笔者确立宾馆的文化创意，必须尊重丝绸之路重镇和伊斯兰教文化内涵的事实，同时体现现代化的精神。还应该十分敏感地认识到伊斯兰教文化不等同于维吾尔族文化。

二、地理、人文的协调

吐鲁番之所以能够吸引海内外人士的普遍重视，除其历史与独特的建筑遗存形成的魄力之外，主要应归于其特殊的地理环境。盆地低于海平面154m，终年降水稀少，气候干燥炎热，夏季温度常常高达40℃，且早晚温差大，风沙肆虐，树木较少。在这种情况下，除前面提到的文化影响外，其建筑的主要特点为，半地下室以抵抗炎热的气候，封闭厚重的墙体和狭小的门窗以防日晒，每户均有晾台，这不仅是为了晾晒葡萄，更重要的是夜间凉风习习以利睡眠。为解决木材的奇缺和门、窗跨度的问题，习惯于用砖起拱加以解决。

吴承恩所著《西游记》中，孙悟空三借芭蕉扇，熄灭火焰山的故事，就源于此地。现火焰山山坡建有拜孜克里千佛洞，令游人流连忘返。尽管山是佛教之山，洞中藏有千佛，但城中现主要居住的却是信奉伊斯兰教的居民。城中清真寺一日五次的礼拜，高耸的宣礼塔，你来我往的维吾尔族人民，构成了一幅融合、相异、变化的世俗景象。

面对这样特殊的地区，相信建筑师不可能也不应该被什么"主义"、"流派"所左右，只能是此时、此地、此建筑，也就是说，"一切建筑都是地区建筑"。把握、协调好这一点，使得大多数不同民族、不同宗教、不同文化及风俗习惯的公众，产生出认同中的差异，普遍概念中的抽象与升华。只有这样，新建筑才真正有了自己的本位，创作的手法要素才能在此基础上凝聚起来，形成完整的体系。

三、建筑的地位在于创造性与再生

悠久的文化、美丽的自然风光和人的劳动创造和谐地融为一体，构成了传统建筑的地区风格，这种浓厚的乡土特色的形成，是历代工匠在自然的地理环境、气候条件以及乡土资源和社会的政治思想、宗教观念、传统文化等作用下不断探索创造的结果。今天，由于寻找传统文化与现代的结合点的需求日益强

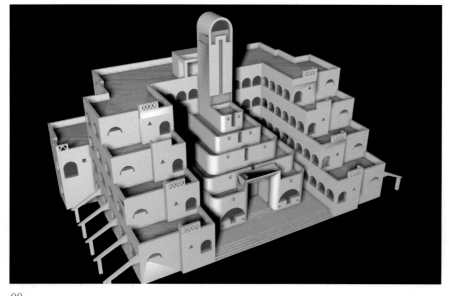

烈，笔者以为，民族与地区的现代化都以传统为前提，一切现代化都不过是某种文化传统在现实条件下的存在，是创新和发展了的传统，而文化传统则只有以现代为目标，向现代化转化，才能作为再生的传统而存在。一切传统都是潜在的现代化，人们无力摆脱传统而存在，只能通过传统认识世界和创造世界，并在这种活动中创造传统的变化与再生。

自然、融合、创新、协调、精神、人的发展，充满了现今社会。中国哲学强调：欲望化、社会化的人只是偶然

人，自我者必然的。生活在共同的地区，必然会有共同的属性，而我们要把握的却是在此基础上的创造性的再生，我手写我口，我艺吐我心，发我之肺腑，吐我之肝魂，人心不同，其异如面。新就要避熟，就是要空间之新，就是要创造出陌生感、惊奇感、光明感，也就是要做到人人胸中所有——通性；人人笔下所无——独创性。于不变中求变，以求得佛家称为的"平常心"。

在吐鲁番宾馆的创作构思中，正是在确定上述三个基本设计要素的基础

上，结合建设规模、投资、标准来进行创作的。

宾馆位于吐鲁番市中心葡萄街路东侧，原有建筑分别为单层、具有当地特色的连续拱式客房，和具有浓郁少数民族色彩的二层布景式客房楼。场地中部是供游人歇息及演出民族舞蹈的布满葡萄架的室外公共活动区。随着国内外游客的逐年增加，原有的客房数量、标准已远远不能够满足使用要求。新建的宾馆建筑面积为3000m²，由于占地面积紧张，且先前未作整体规划，笔者以

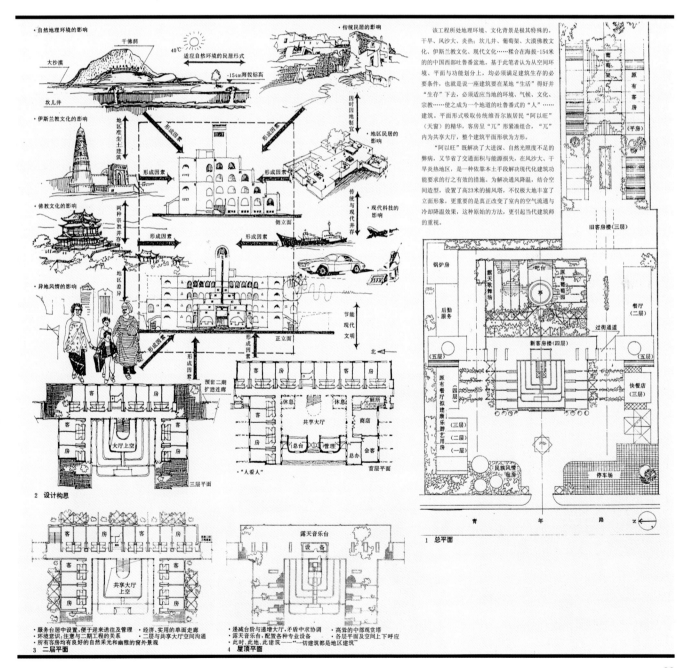

该工程所处地理环境、文化背景是极其特殊的：干旱、风沙大、炎热；坎儿井、葡萄架、大漠佛教文化、伊斯兰教文化、现代文化……糅合在海拔-154米的的中国西部吐鲁番盆地。基于此笔者认为从空间环境、平面与功能划分上，均必须满足建筑生存的必要条件，也就是说一座建筑要在某地"生活"得好并"生存"下去，必须适应当地的环境、气候、文化、宗教……使之成为一个地道的吐鲁番式的"人"……建筑。平面形式吸取传统维吾尔族居民"阿以旺"（天窗）的精华，客房呈"凹"形紧凑组合，"凹"内为共享大厅，整个建筑平面形状为方形。

"阿以旺"既解决了大进深、自然光照度不足的弊病，又节省了交通面积与能源损失，在风沙大、干旱炎热地区，是一种依靠本土手段解决现代化建筑功能要求的行之有效的措施。为解决通风降温，结合空间造型，设置了高23米的捕风塔，不仅极大地丰富了立面形象，更重要的是真正改变了室内的空气流通与冷却降温效果，这种原始的方法，更引起当代建筑师的重视。

2 设计构思

3 二层平面
· 服务台居中设置，便于迎来送往及管理 · 经济、实用的单面走廊
· 环境意识：注意与二期工程的关系 · 二层与共享大厅空间沟通
· 所有客房均有良好的自然光光及幽雅的窗外景观

4 屋顶平面
· 逐减台阶与通增大厅，矛盾中求协调 · 高瞻的中部观赏塔
· 露天音乐台，配置各种专业设备 · 各层平面与空间上下呼应
· 此时、此地、此建筑——"一切建筑都是地区建筑"

1 总平面

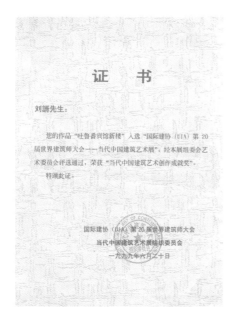

为，层数以3～4层为宜，现状整个地形呈"L"状，除保留原有葡萄园及树木外，还应考虑旅行车停放及今后扩建的余地，规划时将宾馆放置在中部，南北两侧为扩建之用，东边为原有葡萄园，以形成特色绿化中心，西部为宾客集散之用。从而形成完整的空间整体，这样既考虑了宾馆西晒问题，又自然形成两个别致的院落。

考虑到风沙大，干旱炎热，辐射强烈的因素，吸取优秀的维吾尔族民居"阿以旺"的精华，客房呈"Ⅱ"字形布置。中部为采取顶棚自然采光的共享大厅，既解决了大进深，自然光线照度

不足、不均的弊病，又节省了建筑面积和能源损失。每层进行台阶退后错落处理，自然形成了富有地区特点的屋顶台。傍晚，人们在不同标高的露台上休闲活动，俯瞰富有民族特色的篝火晚会，口饮啤酒，颇有西域粗放的风情。

每层服务台位置居中，便于迎来送往及管理。为了节省投资与能源耗费，采取了集中式的平面布局，并以"Ⅱ"字形组织人流走向，巧妙地避免了客房间相互干扰的问题，使得整个建筑既具有集中布置较为经济的优点，又有分散布置互不干扰的特点，使用一年来颇受用户好评。首层共享大厅内，设有总服务

台、邮电汇兑、工艺品商店、会客厅、电话亭等必要服务设施（餐厅、舞厅等已建，从略）。本着"粗粮细作"的求实原则，各公共部分面积以实际够用为准，各部空间均具有功能使用上的合理重叠性，特别处理了不同高峰时的不同空间的过渡及次空间的再生。大厅顶棚的构思，源于外部形式和实际室内感官需结合结构形式的要求而形成，满足功能要求该高则高，该小则小，自然形成一气呵成，质朴中透出文化上的较高境界。

就新宾馆的规模、地位以及地区财力来讲，最多抵得上国外或国内沿海地区的汽车旅馆或乡村旅馆。因此，在

把握空间设计中，不追求也不可能达到眼下时尚的"光"、"亮"、"帅"，只是尽可能做到合情合理与尺度适宜。由于这里常年少雨，没有去做"精彩"的大雨篷和"大手笔"的豪华修饰，以圆弧的墙面来引导出主要入口，造型上犹似饱经风霜磨炼的残角，产生一种粗犷、神秘且有几分温馨的古堡风格。

室内大厅采用抽象后的当地维吾尔族民居柱廊的做法，来划分空间。在主要楼梯段处理上，一反常规标准式的跑段，首层采取通常做法，在视觉上给人以宽敞明快之感，大厅二、三层东侧用民族式柱廊沟通上下视线，体现了波特曼提出的"人看人"的设计思想。

外部空间构思，以递减台阶与递增叠加式的减、加对比方式，在两翼进行收台，而在中部的共享大厅根据室内空间的高度要求反其垒加逐渐高出，造成一种矛盾中的协调。整体空间轮廓线，以上部高耸的观赏塔作为收结，使人产生一种不确定性，并造成了某种艺术的"空白"——残缺美。笔者认为：建筑的艺术形象的空白或不确定的区域，就像一个屏幕，想象力在它上面描绘形象（想象的形象）这种形象其实就是观赏者投射上去的经验的外在形式，也就是说，建筑艺术表现的"空白"和不确定性，为欣赏者提供了一个巨大的想象空间或意义空域，从而激发欣赏者永无止境的想象力和理解力的再创造活动，在感觉效应上就是所谓的"余味无穷"或"建筑的味"。

在外观处理上，除强调"空间的不完整性"的艺术之味，同时，还照应与自然环境的山势，当地民居平屋顶的协调。立面上采取连续抽象的维吾尔族式拱窗，似乎也有千佛洞窟之联想，以一种似是而非介乎其间的处理手法，来解决不同宗教与民族的不同审美情趣。在材料应用上，没有大片使用"吓人"的玻璃幕墙，也没有震撼人心的钢铁，采用普遍的建材，努力去创作符合当地情况的"平常心"的建筑。以合理的体形变化，恰到好处的民族文化符合，干净利落不加描红的手法，体现出具有地区自然、历史、文化、财力特点的现代化建筑格调。

下图为笔者在吴良镛先生《广义建筑学》中"一切建筑都是地区多方面因素"思想影响下，对地区建筑进行实践，进行吐鲁番宾馆建筑创作的构思简图。

（本文刊登于《建筑学报》1994年第9期）

喀什科技文化广场设计浅析

林啸

林啸，汉族，高级建筑师、国家一级注册建筑师。1999年毕业于新疆工学院建筑学专业。现任新疆玉点建筑设计研究院总建筑师、副院长。自治区建设工程评标专家、新疆蓝图勘察设计图审查中心技术专家、新疆土木建筑学会理事。

喀什科技文化广场位于新疆喀什市天南路一侧，该项目是集喀什市科技园、青少年活动中心、老年活动中心、影剧院及游泳馆为一体的综合文化建筑。它是为喀什市乃至喀什地区提供科技探索、文化娱乐活动及会展的交流中心。项目从2003年2月开始由刘谓院长主持设计，历时5年于2008年10月竣工验收、正式使用。其中有两次重大的功能调整，所幸建筑群体布局和造型没有大的改变设计原初，得以建成并获得喀什政府、使用方和社会的好评。现就设计时的一些想法借此一说。

方案整体布局从城市内在脉络和城市肌理入手，通过建筑使用功能的扩展，为城市环境提供融合界面。保持现有城市道路系统，设馆前步行街，使人车分流。利用楼前广场及景观道路将体育路和天南路直接贯通，形成集散广场前的中心绿岛从而作为公园环境的衍生

和扩展，使城市在自然生态中生长。鉴于建筑功能的多样综合性，将建筑划分为四段。四大功能体块相互穿插、互相跌落，相似功能厅室的合用使建筑浑然一体。老年活动中心与环境优雅的公园相邻，以迎合老年人喜静的特点；科技园与青少年活动中心相邻合用出口，并面向城市干道，充分满足青少年活泼好动、求知好学的心理；作为人流量最大的影剧院则安排在三面环路的最北端。平面功能布局上综合考虑各部分的自身特殊性和使用特点、流线、受用人群的

不同，做到各成体系、交通独立、分区明确、相互畅通。使各部分建筑便捷、高效地服务于大众和城市。

喀什地区有着悠久的文化历史，建筑文化汇集东西方特点，本土建筑经过上千年的生根与发展，有着自己的独特性。本方案就如何取其精髓，突出特色作出探索，采用层层错台与底部架空来反映建筑的地区性。科技飞速发展的今天，建筑不应是复古的，而应具有时代性和科技性。本方案的科技观景平台作为起点引出的玻璃轴体并穿插金属杆

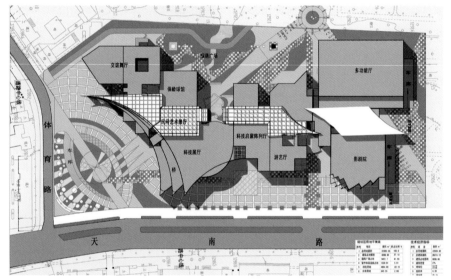

西南角

件，同时具有延伸感的船状屋顶来体现建筑群作为科技文化载体的前沿性。从建设方投资考虑，采用总体规划分期实施的设计理念，由内部步行通廊将建筑群分为各部分，达到分期实施的目的，从而在不破坏建筑整体的前提下实现建筑的可持续性发展。

科技文化广场的建成，作为文化传播的载体，对周边文化氛围的营造具有统领的作用，从而使科技兴市成为必然，也必将带动喀什地区社会公益和文化事业的进一步发展。

东南角

丰收的"霍依拉"——"社会主义新农居"农村住宅设计方案

宋永红

宋永红，高级建筑师。1993毕业于新疆广播电视大学工民建专业，1997~1998年同济大学进修建筑学专业。现任新疆玉点建筑设计研究院一分院总建筑师。多次荣获自治区住建厅及乌鲁木齐市建委组织的建筑设计奖项。

一、设计理念及创意

本方案为乌鲁木齐地区农村住宅方案(适用于新疆地区)。设计者从实际出发，突出新疆地域特色、乡村特色、民族特色，反映乌鲁木齐地区地方风貌、民族风格和时代特征。本方案坚持实用性、经济性、美观性的原则，充分利用太阳能、沼气、雨水、废水等资源达到节约目的。

砖混结构，现浇楼板，外墙及屋面外贴聚苯板保温达到节能要求。

金秋时节，丰收的农家小院里响起欢乐的"麦西来甫"。全家老少四代同堂围坐在摆满瓜果的凉棚下，载歌载舞欢庆自己的幸福生活。

二、平面功能分析

整个院落功能齐全，居住区、仓储区、家畜区各为一体，互不干扰。前院为果园——生活区，后院为菜园——耕种区，车库屋顶为晾晒区，充分利用宅院提高经济效益。地窖、囊坑、冬季取暖、暖棚考虑周到，方便居民生活。

整体院落鸟瞰

探索地方特色的再创作　传统的地方特色与建筑的有机结合

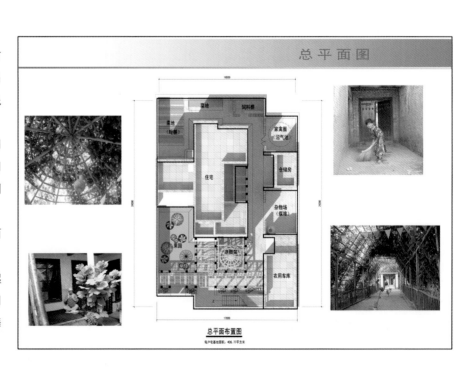

总平面图

总平面布置图
每户宅基地面积：406.77平方米

三、空间功能综合分析

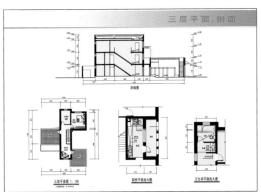

四、建筑材质

整体结构采用砖混结构。立面材质选用新疆特有的磨花砖，既经济又耐用。庭院的葡萄架、凉棚架用农村特有的白杨树干绑扎而成，使农家小院洋溢着质朴、和谐的乡村情节。

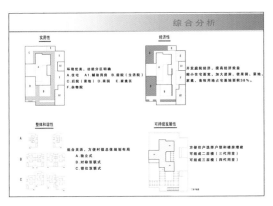

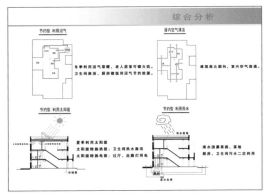

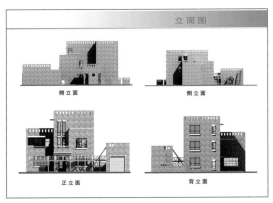

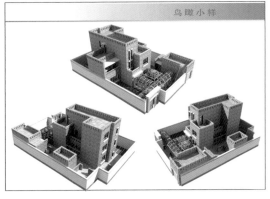

五、经济技术指标

宅基地面积：406.77m²

建筑占地面积：145.36m²

使用面积：158.49m²（二层）194.33m²（三层）

二层楼（一堂四居）建筑面积：228.08m²。（三代同堂）

三层楼（两堂四居）建筑面积：278.12m²。（四代同堂）

注：1："霍依拉"维吾尔语"院子"的意思。

2：本文索引照片均为设计师在南疆考察时所拍摄。

居住小区公共区域设计浅析

王英

王英，1988年毕业于武汉工业大学。国家二级注册建筑师，高级建筑师。现任新疆玉点建筑设计研究院有限公司二分院总建筑师。

改革开放几十年来，我国住宅建设进入了一个新的阶段。住宅由"温饱型"转向"小康型"，由"数量型"转向"质量型"，人们已经不满足居住单调、呆板、粗糙的住宅，对质量低劣、环境恶化的住宅不满意。我国人口众多，经济飞速发展，城市化进程加快，每年建设的住宅数量之大，可称世界之最；"住宅小区"一个一度以其阳光和草地这些最基本的生活元素来吸引居民的居住形式，它的出现和兴起却为城市建设带来诸多问题。

居住小区作为城市居住区规划的一种基本结构单元，小区公共区域是其不可或缺的组成部分。小区公共区域设计的目的是为居民日常生活提供配套服务，其合理配置和优化设计已成为衡量小区整体质量的一个重要标志。小区公共区域涵盖了多种类型：教育保育类、商业服务类、邻里交往类和市政公用类等等。在具体规划中，我们应根据不同类别公共区域的不同特点，在充分满足居民生活需求的基础上进行合理设计。

第一点：居住小区公共区域设计的依据

近几十年来，将是我国居住小区建设由较低层次向较高层次跨越发展的时期。然而居住水平的高低不仅取决于住房的功能和面积，人们还非常看重小区的环境建设，如商业服务设施、文化体育设施、老人与儿童活动设施、绿化、景观、物业管理等综合指标和科技含量。如果说以前人们只是选择一种生活空间，而现在人们不仅只限于选择一种生活空间，还在塑造一种生活方式。其中，公共建筑服务设施的发展完善与否，亦成为新世纪居住小区规划设计研究的重要课题之一，迫切需要建筑师予以密切关注。

1. 对公共区域的卫生要求有两个层面上的内容：一是对小区生活垃圾的处理能力，这是小区垃圾站的作用。二是公共建筑本身的卫生，包括其日照、采光、通风是否良好，其产生的噪声、空气污染是否影响居民的日常生活。

2. 公共区域的安全是指公共建筑的布置是否有利于小区的安全，城市住宅区内要明确划分公共活动区与私有区的领域界限，要对街道进行监视。另外还指在使用公共建筑的过程中是否有交通安全等隐患问题。

3. 公共区域的便利性既是居民对它的基本要求，也是它存在的目的——便利居民的日常生活。为了满足这种要求，它必须具有多样性和良好的可通达性。而要实现公共建筑良好的可达性就必须通过合理的布置使其服务半径尽可能小、到达路线尽可能顺畅。

4. 居民的识别性、归属感是较高层次上的精神需求，是在基本需求得到满足后的追求。公共区域在满足这个层次上的需求同样能有所作为。可以通过公共建筑功能的多样性造成其形式的多样性来达到其可识别性，通过其功能集结而成的小区中心来形成有特征的环境，还可以和小区街道、绿化、广场来共同构成有生活气息的场所，从而使居民产生归属感。

5. 居民的共享和参与是最高层次上的需求。是指居民对小区文化创造共享的需要，表现为试图参与到公共区域的设计中。

第二点：教育保育公共建筑

这是幼儿受保养，青少年受基础教育的场所。属居住小区级的建筑类型有托儿所、幼儿园和小学。托儿所和幼儿园宜联合设置，这样既可以节约住区用地也便于家长的接送。在规划布置中，考虑到安全性和婴幼儿的健康成长，托幼建筑应满足以下条件：

1. 幼托宜布置在小区中心和入口位置，其服务半径应控制在300m以内，便于家长接送。

2. 幼托前应留有一定规模的场地以供幼儿室外活动之用，使其得到更多的阳光和新鲜空气。

3. 幼托所处的环境应保持相对安静，不能有噪声干扰。当幼托联合设置时也应相互隔开，避免互相影响。

结合新疆玉点建筑设计研究院做的坤嘉园小区幼儿园，见附图一。

4. 小学在规划布置时，应考虑到其本身也是一个噪声源。若单纯从服务半径考虑，将其置于小区中心，对居民干扰就比较大。因此，许多居住小区将

附图一

小学布置在小区翼侧，这样在合理的服务半径下，就能保证小学对居民生活最小的干扰。另外小学规划布置还应满足以下条件：第一，学生上学不应穿越城市道路；第二，其服务半径应控制在500m以内，有方便的道路连接和明显的出入口；第三，学校应有良好的日照和通风条件；第四，远离铁路、城市干道和其他噪声源。

第三点：商业服务公共建筑

商业服务设施是小区公建的主体，这是与居民日常生活关系最密切的公建类型。对其进行合理安排将对百姓生活具有深远意义。在其位置选择上，若将它置于小区几何中心，虽然服务半径小了，却不符合居民出行规律，实践证明这样的商业设施使用率底、效益差。在考察过程中，发现一些新建的比较成功的居住小区均将商业服务设施集中布置

在小区的主要出入口。这样既方便了居民，也提高了经济效益。其原因已在上一节关于小区公建的商业性做出论述。

至于商业设施的具体形式无外乎以下几种：1）成街布置。2）成片布置。3）成街成片混合布置。总之，商业设施分散布置的形式已逐渐被淘汰，因为没有考虑到商业设施的聚集效应。另外，笔者将物业管理、卫生站也归入此类公建。物业管理现在很大程度上取代了居委会的地位，为了方便联系，比较适合将其置于小区沿街外围及商业区范围。见附图二，沿街布置二层的商业街。结合商住小区特点，沿小区周围设置商业街，这样商业相对集中，容易形成比较集中地商业圈。

附图三，在小区的一角，布置集中的综合商业楼，集商业、公厕、餐饮、娱乐休闲、物业等为一体，建造一栋商业性强、功能综合的大型商业建筑，

附图三

附图三

相对独立，方便小区物业、商业统一管理。

第四点：邻里交往类公共区域

这类公共区域宜和小区中央绿地结合布置，并和商业服务设施共同构成小区公共中心。如果把居住小区看作城市的细胞，那么小区公共中心就是这个细胞的细胞核，为整个细胞提供养分。商业服务设施提供的是物质养分，而邻里交往类设施则提供精神养分。事实上，随着生活水平的不断提高，这类公共区域已显得越来越重要。其规模应该扩大，形式应该多样化。小区公共中心现在已形成一种模式：商业服务设施从小区主入口开始向小区内部纵深沿街展开直至小区公共活动中心，而且是连续布置，就如动脉和心脏相连。作为邻里交往类设施，这一类公建供居民交往所用，它们有许多名称：居民活动中心、俱乐部、会所、邻里中心等。其功能、性质差不多，具有人情味是其规划布置的重点。

以人为本，设计规范，满足居民全方位的身心活动的需要，追求实用效果，营造人文关怀的景观内容，住宅小区公共绿地、宅旁绿地的设计更应符合有关规范要求，做到有章可循，有理可依。见新疆玉点建筑设计研究院有限责任公司设计的坤盛源小区入口处的下沉式广场，见附图四。结合小区主入口，设置集中休闲广场，绿地，汽车库为

整体全地下形式，按照一户一车位形式设置。改善小区内部环境。

公共绿地、宅旁绿化景观设计原则：因地择树，充分符合场所特点，并应配合小区的道路、中心绿地的环境、住宅的类型，以及居住建筑的平面关系，层数和楼的高低，间距大小，向阳或背阴等不同环境进行设计。居室的宅旁绿地，南面应考虑通风采光的要求，高层建筑的宅旁绿化则要考虑背阴面的特殊要求进行合理布置。用绿化来装点建筑，绿地内外互相渗透，绿化景观与住宅建筑形式相协调，使树种的形态、大小、高度、色彩、季相变化与庭院的大小、建筑的层次相协调。同时，还要注意内外绿化景观的结合过渡，使宅旁绿地与相邻道路绿化，公共绿地的组团绿地、中心游园等小区绿地景观相互渗

透，形成良好整体效果。

景观、生态、社会效益并重。绿地及绿化的形式，密切关系到一个小区居民的生活质量，同时也影响着小区绿地系统整体效益的发挥。因此，绿化应根据不同的环境选择适宜的植物种类创造景观，营建良好的社区环境。

见新疆玉点建筑设计研究院有限公司设计的坤怡园住宅小区宅旁绿地景观设计（附图四）。

以老人、儿童为主要服务对象：绿地的最主要使用对象是学龄前儿童和老年人，老人、儿童是宅旁绿地中游憩活动时间最长的人群，满足这些特殊人群的游憩要求是绿地绿化景观设计首要解决的问题，绿化应结合老人和儿童的心理和生理特点来配置植物，合理组织各种活动空间、季相构图景观及保证良好

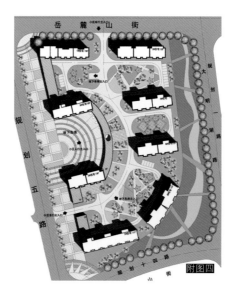

附图四

的光照和空气流通。绿地关系到一个小区居民的生活质量，同时也影响着小区绿地系统整体效益的发挥。因此，宅旁绿化应根据不同的环境选择适宜的植物种类创造景观，营建良好的社区环境。

绿化设计与住宅建筑、植物景观都影响着建筑环境的方方面面。建筑环境与绿化景观存在着互为衬托、互为融合的关系。住宅建筑在形体、风格、色彩等方面是固定不变的，没有生命力，多是几何硬线条。因此，需用软质的绿化植物的质地、肌理及色彩来衬托、弱化建筑形体生硬的线条和丰富外墙立面景观。同时建筑也因植物的季相变化和植物不同的配置形式，使其构图变得灵动而富有生气。如通过花台、花境、花坛、花带、绿篱、对植、列植、墙附等多种植物景观形式，进行建筑的墙角及基础绿化，墙面的垂直绿化，建筑入口的重点绿化等，可美化建筑构图，表现环境主题。住宅建筑物周围的绿化，应不影响室内采光、通风，以花灌木和地被植物为主。建筑物北面，可能终年没有阳光直射，因此应尽量选用耐阴观叶植物。在建筑山墙处，可列植高长树木或进行垂直绿化。

见附图五，宅旁绿地、休闲广场相结合，以铺装地和不同植被相结合，构筑小而精的别样小区环境。

第五点：市政公用类公共建筑

这类公共建筑是小区得以良性循环的基础设施，如垃圾站、公共厕所、汽车库等。

1）垃圾站人人讨厌却又离不开它，历年来想了许多方法，却都有不如意处。笔者以为最好的方法还是垃圾袋装化，在每个住宅楼前设有盖垃圾桶。如有条件，垃圾桶最好能设在地下，可防止气味、流出的污液等影响小区环境。由物业管理部门统一收取，运至垃圾站。2）公共厕所不宜单独设置，宜和其他类型的公建联合设置，如商业服务设施、小区活动中心。它应布置在容易找到又相对隐蔽的地方，所以将其布置在沿街又不正面对街，街上设明显标志是个不错的选择。

对于居住小区公共区域设计应充分考虑到居民日常生活的便利性、商业服务设施自身的经营效益、富有人情味的场所的营造以及资源的合理利用。对于其总体布局，在考察中发现存在着这样一种原生态模型：1）商业服务设施分布于小区主入口，或成街布置直至小区活动中心，或成片集中布置。2）小区活动中心则与小区中心绿地相结合共同构成环境优美、可达性好的邻里交往场所。3）幼托则结合中心绿地布置在较为安静的地方，小学则布置在小区一侧。

确切地说，适宜居住性概念包含了更广泛的含义，包括经济、社会、文化等，它使一个城市生活社区具有吸引力，居住区的人们生活愉快并对社区感到自豪。这个城市和社区有一个充满活力的居住环境，能使居民有机会就业；居民们可以方便安全地在小区内享受到服务；居住区的环境清洁健康；并有一种归属感，家庭和居民相互了解、相互关心；在公共区域中和谐生活。居住区基本服务配套，包括学校、医疗设施、急救服务等；整个小区生活费用合理，经济适用；面貌还要非常宜人，有独特的反映地域和社区特点的标志性环境，建筑精美有特点，人文景观丰富。经过不同的设计者之手，每一个居住区域都以不同的方式创造着相同和谐的氛围。

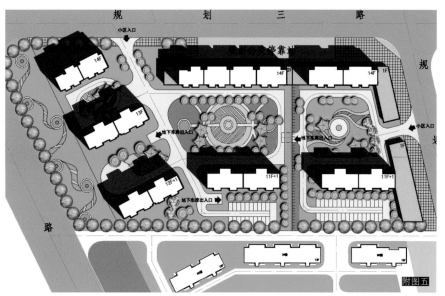

附图五

绿色建筑设计初探

付丁

付丁，从事建筑设计。

2006年毕业于新疆大学建筑工程学院建筑学专业。

在我国不断提倡节能、环保、低碳和循环经济的大环境下，绿色建筑设计理念将逐步深入人心，绿色建筑设计将成为未来建设市场的主导方向，得到不断的推广和发扬光大。绿色建筑设计是人们在经历了长期发展后理性反思的结果，我国是个人口基数宏大的国家，人均资源非常匮乏，因此在我国推行绿色环保建筑设计，不仅仅是出于资源匮乏的考虑，更是对我国长远的资源保护和环境保护的规划。结合我国的经济、环境、气候条件，采用绿色建筑设计理念进行绿色建筑设计，实现节能、节电、节水、减少环境污染和改善居民住宅舒适度。绿色建筑是一项系统的工程，不但在建筑设计上要追求绿色，同时在建筑施工过程中也要遵循绿色原则，这种绿色建筑设计理念，必将成为未来建筑设计的发展方向，也会为我国住宅建设设计带来创新方法和成果。

1. 绿色建筑概念

绿色建筑也称生态建筑、生态化建筑、可持续建筑。绿色建筑的内涵包括四个方面：一是广义上的节能，除"四节"外，主要是强调减少各种资源的浪费；二是保护环境，强调的是减少环境污染，减少二氧化碳排放；三是满足人们使用上的要求，为人们提供"健康"、"适用"和"高效"的使用空间；四是强调与自然和谐共生。

2. 绿色建筑设计的原则

随着社会的发展，人类面临着人口剧增，资源过度消耗，气候变暖。环境污染和生态被破坏等问题的威胁。在严峻的形势面前，对城市建设而言，实施绿色建筑设计，显得突出重要。绿色建筑本质上还是建筑，还是为居住者提供舒适健康、安全便利的居住场所。与传统的建筑相比，绿色建筑更多的关注资源节约与综合利用，保护自然资源，体现"绿色"化，因地制宜，充分利用自然条件。绿色建筑中最核心、最有生命力的是以人为中心，与自然融为一体，贯穿建筑的整个使用周期的设计思想。

2.1 整体及环境优先原则

建筑应作为一个开放体系与其环境构成一个有机系统，设计要追求最佳环境效益。在满足业主基本要求的前提下，能够融入周边的自然、社会、经济环境，能够契合建筑所在地域的传统文化及地域文化特点，体现对自然环境和社会生态环境的关心和尊重，用独特的美学艺术让建筑体现时代精神。

2.2 健康舒适的原则

绿色建筑应保证建筑的适用性，体现对居住者的关心，增强居住者与外部环境的沟通与交流。比如以玻璃墙的形式，将建筑内外的空间连接在一起，让人们在健康、舒适、充满活力的建筑中生活和工作。

3. 绿色建筑设计的要点

传统建筑设计由于其商业性，注重的仅仅是初始建筑时的投资节省，并没有充分考虑住户长期使用过程中的成本支出。随着建筑行业的发展，节能建筑越来越受到市场的喜爱，这样使得建筑商不得不考虑绿色建筑设计对持续消费的关注，按照节能建筑建设标准，要求设计院在进行绿色建筑设计时必须要采取节能措施进行设计：a.维护结构，建筑的外维护结构热工作性能指标要高于夏热冬冷地区公共建筑节能标准的规定。要尽量减少透明窗体面积，减少太阳辐射的热量，取得很好的保温隔热效果。b.屋面、外墙防水保暖工程的生产要严格按照国家标准进行生产。c.外窗，要注意空气的渗透性等条件。

3.1 选择环境负荷小的环保建筑材料

建筑生产过程中会消耗大量的资源和能源，并带来较高的环境污染。建筑师在对材料进行选择时，应具备生态和经济的意识，选择对环境造成的负荷小的材料，如生态水泥、绿化混凝土、高性能长寿建筑材料、家居舒适化和保健化建材等。可使用预制模数构件来减少建筑垃圾。减少环境负荷。

3.2 合理利用资源，充分利用自然资源以达到节约能源的目的

3.2.1 太阳能的利用：设计太阳能住宅。光热转换是人类直接采集太阳光能量的方法。转换装置，基本上分为平

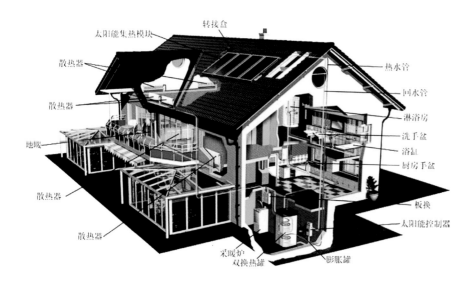

板式集热器和聚光式集热器两类。因此可以利用阳光直接照射在黑色粗糙表面上变热设计出太阳能住宅，另外还可以利用反射镜或透镜聚光产生热原理，在屋顶上装上薄铁皮制成的集热板上，当集热板被晒热，光变成了热。当空气从集热板下面流过，就可以把热量带走。需要时可通过风道，送到房间里取暖。太阳能住宅的另一优点是光电转换。就是通过光电器材，将太阳能直接变为电能。最通常的光电器材是硅电池。其原理是硅晶材料在光的照射下释放电子，这就是光电效应。在计算器、收音机、汽车上都能用这种硅太阳能电池。

3.2.2 风能的利用：风能是一种清洁而且取之不尽、用之不竭的能源，通过风力机将风能转化为电能、热能、机械能等各种形式的能量后，用于发电、提水、制冷和制热等。

3.2.3 回收利用旧建筑材料

加大旧建筑材料的回收利用，尽可能地降低能源和物质投入及废弃物和污染物的产出，这是绿色建筑体系最重要的内在机制。可将建筑拆除过程中的建筑材料，如木地板、木制品、混凝土预制构件、铁器、钢材、砖石、保温材料等，经过加工和改造，在满足规范和设计要求的条件下，利用到新建筑中。

3.2.4 绿色建筑设计的节水与水资源利用要点

在进行节水设计时，要注意节水器具、防止水压出流、避免管网漏损、节水灌溉等方面。同时在进行建筑施工的过程中也要落实绿色建筑对节水的要求，要施工过程中按照设计要求合理设置节水器具，管道布置时要按照施工要求进行，避免管网漏损。

3.3 绿色建筑设计的节材与材料利用要点

由于建筑施工完全是按照设计要求来进行的，所以再设计阶段就要考虑材料的重复利用、可回收和可再生材料的使用问题。例如对于废弃的混凝土应该进行再利用，可以用于地基加固、道路的垫层等。对于废弃的沥青，利用通过再回收加热冷溶和热溶的方式进行回收。

4. 做好室内建筑设计

室内作为绿色建筑的重要组成部分，其装修、装饰的设计与施工，对绿色建筑整体生态功能和效益有着重要的系统作用和价值。在设计中，首先保证各个系统自身的良好运转和稳定发挥，然后再考虑各个系统之间共存于室内时的相互关系和配合。室内利用混凝土顶的空间，带来了良好的空气交换；能源供给系统采用的太阳能利用技术；风环境系统采用的空调BEKA毛细管平面系统和新风系统及通风方法；隔墙系统采用钢悬石膏墙体技术；室内植物系统、免冲厕卫技术应用；循环再生材料应用，如再造石、软包装饮料盒再生材料、塑料牙膏皮再生材料、洗发液瓶再生材料、运动鞋底的再生利用材料和麻秸秆再生材料门等。

5. 结束语

环境问题危及国计民生的时候，人们才开始反省自己在改造生存环境的同时打破了自然界的平衡。现在国际社会开始进行各种形式的活动来号召大家保护环境、改善环境。建筑作为人类经济生活的重要活动，更被时代赋予了强烈的使命。把绿色生命的概念赋予建筑是为了让建筑有健康和再生的肌理，使建筑与生态系统联系起来，从而为人们提供舒适并可持续的生活和工作环境。随着传统石化能源的枯竭和人类生活环境的恶化，人们越来越清醒地认识到人类与自然和谐共生的重要性。人类住宅设计快速地向绿色环保设计发展，不但能够很大程度的节约能源，更能在保护环境和减少污染问题上提供建设性的成果。因此，绿色建筑设计是建筑未来的发展方向。

浅谈建筑生态设计

许田

许田，从事建筑设计，建造师。2007年毕业于西安建筑科技大学土木工程专业。现任新疆玉点建筑设计研究院有限公司二分院院长。

随着全球的气候变暖，世界各国对建筑节能的关注程度正日益增加，人们越来越认识到可持续发展的重要性。节能建筑将成为建筑发展的必然趋势，绿色生态建筑也应运而生。国际工业设计协会联合会主席彼得先生所言："设计作为人类发展的一个重要因素，除了可能成为人类自我毁灭的绝路，也可能成为人类到达一个更加美好的世界的捷径"。因此，生态设计显得尤为重要。

1. 生态设计的概念

生态建筑是尽可能利用建筑物当地的环境特色与相关自然因子（比如阳光、空气、水流），使之符合人类居住，并且降低各种不利于人类身心的任何环境因素作用。同时，尽可能不破坏当地环境因子循环，并尽可能确保当地生态体系健全运作。能合乎此等生态考虑之建筑设计方能合乎生态建筑之理念。

生态设计是遵从自然环境规律，注重节能减排以及循环再利用，维护协调可持续发展的设计形式。这在快速发展经济、创造社会物质财富的背景下是当务之急。在以往的经济发展中过于强调产能而忽视了地球资源的合理开发，给我们的生存环境造成了无法挽回的损失，设计又缺乏先导性与科学性，因此浪费严重，不可再生资源面临枯竭。即便是运用可替代材料，由于缺少深入研究给社会环境造成污染，破坏了生态平衡。现代设计强调"以人为本"，这里的"人"是大众的人而不是个人，不能像帝王御用物品极尽奢华不计成本，为一人服务。也不是只考虑某一个企业或某一件产品的价值和利润，而是要关爱整个社会，为人类谋福利，这就要建立大局意识，树立公共意识与责任感。所以生态设计的观念便应运而生，也成为设计师的必修课。

1.1 生态设计的意义

生态设计的意义包括两个方面：一是理论意义，它是价值观的转变，是道德美学的理论基础，是建立设计理论的依据，也是检验设计成果的指标体系；二是现实意义，关爱人类的生存环境，创造美的生存空间，促进物质文明与精神文明的共同提高，创造社会价值。

1.2 生态设计的原则

原则有两点：一是以自然生态的可持续发展为原则；二是以人文生态的可持续发展为原则。生态设计要以最小的投入得到最丰厚的回报，以维护资源平衡为原则。要以回收再利用的循环为契机，以保护人们的生存环境为宗旨。许多国家和地区都有自己的设计规范与标准，例如在安全、排放、使用寿命、耗材等方面。汽车尾气排放指标和耗油量都要受到控制，建筑、道路、景观均有相应的安全和寿命要求。现在"以人为本"的设计理念已深入人心，除了在物质方面的多、快、好、省外，更要注重生理和心理关爱，这就要考虑文化生态。自然生态与人文生态对设计提出了更高的要求，表面上看自然生态属于硬性指标，文化生态属于软性指标，弹性较大，尺度难于把握，殊不知文化生态之于设计更是设计师面临的严峻问题。自然生态可以运用科学方法通过数据、比值、测量等手段进行控制，而文化生态则要从地理环境、生活习俗、审美取向、信仰观念、历史文脉等方面综合考量，保持文化的传统谱系。因此文化生态的延续才是关键所在。

1.3 生态设计的依据

生态设计要以可持续发展为依据，注重绿色环保，无污染、无公害。还要以人文主义生态为精神支柱，丰富设计中的思想内涵，创造出具有地域文化特色的生态设计。

首先，要确定设计什么，为谁设计，这是先决条件，然后才会涉及功能如何、是否完善、是否符合用户要求，功能的便捷性与可操作性如何，是否安全可靠，这就是依据。

其次，材料是构成设计作品的物质体现，节省成本才能创造更大价值。就地取材可以节省成本，缩短生产周期可以节省成本，节约用材可以节省成本，提高技术可以节省成本，延长寿命可以节省成本。这一依据需要设计师从功能、结构及可靠性等方面研究。

再次，在设计中有功能的美，体现功能界面与人的互动关系。材质的美、材质的质感与肌理传达出物质的魅力。技术的美，体现科学技术的巧思与工艺。形态的美，体现人文思想和造型艺术的美。与环境协调的美，呈现出人与物、物与物、物与环境统一协调的美。

最后，不可再生资源的短缺已对设计师提出了严峻的挑战，一是资源维持着自然生态平衡，二是资源的浪费造成了成本的提高。因此运用无公害、可降解、复合的、可回收再利用的材料已成为生态设计的重要指标和评判依据。能源利用设计可分为狭义和广义两个概念。狭义的绿色能源是指可再生能源，如水能、生物能、太阳能、风能、地热能和海洋能。这些能源消耗之后可以恢复补充，很少产生污染。广义的绿色能源则包括在能源的生产及其消费过程中，选用对生态环境低污染或无污染的能源，如太阳能、氢能、风能等，但另一类绿色能源，即绿色植物给我们提供的燃料，我们把它称之为绿色能源，又叫生物能源或物质能源。近年来，由于广大农民生活水平的提高，电气化程度也在不断地提高，大多数农民们的燃料结构发生了根本性的变化，许多农民朋友冬季取暖不再用柴火烧炕，而是电热毯一插温暖如春，做饭也不再烧柴、烧秸秆了，而是用上了蜂窝煤炉、液化气灶以及沼气。太阳能灯具、浴具等都体现了这一点，做到尽量利用绿色能源，以此减轻整个地球的负担。可再生能源取之不尽，用之不竭。开发利用的场所一旦建成，即不必再有原料的投入，人类的文明方才可以永远延续。

2. 生态设计在现代建筑中的体现

瑞士再保险总部大厦由英国建筑师诺曼·福斯特（Norman Foster）设计，位于伦敦圣玛丽阿克斯大街30号，高179.8m，楼层50层，螺旋式外观，获得2004年的RIBA斯特林大奖，被誉为21世纪伦敦街头最佳建筑之一，是一座十分杰出的建筑物，不但外形优雅，而且讲求高科技与环保，可以说是未来建筑的典范。

瑞士再保险总部大厦是伦敦第一栋自然通风的高层办公建筑，功能也包含底部的商场和顶层的观景餐厅。圆形的建筑随着高度的增加逐渐缩小，覆盖以三角形为基本单元的玻璃表皮。每层平面布置有6个三角形的共享空间，但是层层的位置都不同，总体呈螺旋上升的趋势。玻璃表皮的结构形式为双层呼吸幕墙，三层为一个控制单元。它巧妙地运用表面风压、开口位置以及内部独特旋转式共享空间的相互作用来实现空气与建筑的舞蹈。双层幕墙的具体构造、尺寸、通风方式都经过环境顾问严格的研究计算，室内温度分布与遮阳系统也通过模拟技术来预测优化，以保证建筑的智能化不是体现在高科技产品的运用上，而是着重建筑与自然的对话，对传统的单一的建筑设计方式进行质疑，认为建筑是科学的体系，是建筑艺术与技术的结合，是自然、生态与人的和谐对话。

瑞士大楼采用了很多不同的高新技术和设计，是现今业界的突破，发展商不介意巨大的建筑费用，使这座建筑力作能成为现实。可以这样说，它最吸引人的地方，不是它的名字和外观，而是它较同样的建筑节能一半以上。它除了使用很多的节能招数外，还尽可能地采用自然条件采光和通风。大楼配备有由电脑控制的百叶窗；楼外安装有天气传感系统，可以监测气温、风速和光照强度。在必要的时候，自动开启窗户，引入新鲜空气。福斯特还试图在更加策略化的方面推进可持续发展的环境建筑设计理念。如尽量依靠基地周围成熟的公共交通体系，减少对私车的依赖，底层提供比最低标准大三倍的自行车准备区域，其中包括淋浴和更衣设施。鼓励使用替代性的交通方式；建筑中除残疾人车位外不提供私家车泊位。按照著名的LEED评级制度，从场址规划的可持续性，保护水质和节水，能效和可再生能源，节约材料和资源，室内环境质量等五个方面。这种新的设计探讨，从长远来说是一个有利可图的发展。

3. 结束语

以上对生态设计的探究，便于我们在未来的设计中更好地体现生态性，从而实现人与自然的和谐共处。设计师作为推进人类文明的一员，肩负着重要的使命，设计师又是连接建筑景观与人之间的纽带，影响着人们的生活方式和社会文化的变更。因此，生态设计不仅是一个技术层面上的思考，更是一个观念上的变革，它在一定程度上具有理想主义色彩。要达到生活舒适与资源消耗平衡，短期经济效益与长期环保目标平衡，需要设计师与消费者及全人类的共同努力。

从实际震害重新认识"强柱弱梁"

张中

张中，汉族。提高待遇高级工程师、一级注册结构工程师。

1991年毕业于重庆建筑工程学院，工程力学专业。

现任新疆玉点建筑设计研究院总工程师、管理者代表。

兼任的社会技术职务有新疆工程建设标准化协会常务理事、新疆土木建筑学会理事、建筑结构学术委员会委员、自治区超限审查委员会专家组成员、自治区城乡重要建（构）筑物抗震防灾专家组成员、新疆蓝图审查中心结构专业审查专家、自治区及乌鲁木齐市建设工程交易中心专家组成员、自治区高强钢筋高性能混凝土推广应用技术指导组成员、自治区12系列建筑标准设计编审专家委员会成员及编写组副组长等职。

一、引言

框架结构由于其布置灵活、建筑空间和尺度容易实现、改造余地大及经济性能好等特点，被普遍地应用于各种多层建筑中。但由于其整体结构刚度小，冗余度低，造成其抵抗强震和抗倒塌能力弱，并存在在强震中易造成较大损失和震后维修困难、维修费用较高等缺点，这些缺点在多次地震中得到印证。

鉴于以上原因，要在抗震区修建符合"小震不坏，中震可修，大震不倒"设防水准的框架结构房屋，建筑抗震规范做了相应的规定和要求，其中"强柱弱梁"就是其中的一条重要保证"中震可修，大震不倒"的技术措施要求，并在建筑抗震教科书和抗震设计规范中得到充分强调。

由于框架结构一般不具备多道防线，因此延性框架塑性铰要求发生在不影响整体稳定的梁上，使其重要的承重构件－柱得以保护，从而保证整体结构的稳定，做到"大震不倒"。

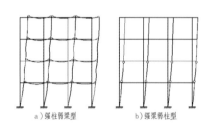

图1 教科书中"强柱弱梁"和"强梁弱柱"的示意图

规范中以下式控制梁、柱的承载能力设计，以期望得到"强柱弱梁"结果：

$$\sum m_c = \eta_c \sum m_b$$

其中，η_c为规范提高柱端设计弯矩的增大系数，随框架抗震级别不同，从1.1到1.4不等。

二、震害实例

实际框架结构在地震中的表现如何呢？图2~图6是汶川地震后，作者在灾区调查得到的框架结构震害情况。大多数框架的破坏普遍是柱铰机制的破坏，到过现场的专家也普遍认同这一现象：抗震设计要求钢筋混凝土结构的"梁铰机制"没有出现，而是出现了大量的"柱铰"。

图2 两层框架,现浇楼板，首层破坏，柱端破坏，梁完好(拍摄地点：都江堰市，设防烈度7度0.1g，遭遇烈度9度)

图3 三层框架，预制楼板，局部垮塌，柱端开裂，梁完好(拍摄地点：都江堰市，设防烈度7度0.1g，遭遇烈度9度)

这种现象应该也不是这次汶川地震的特殊现象，如果查阅过去历次的震害资料，无论是国内还是国外的，也可得到相同的结果：大量框架或柱梁体系的主体结构震害破坏中，最多的是柱端的各种破坏形式，柱顶震害重于柱底，其次是梁柱节点区破坏，再者是梁的破坏。

图4是作者在地震现场拍到的一个

图4 四层框架，预制楼板，第二层框柱及节点破坏，梁端破坏(拍摄地点：平武县南坝镇，设防烈度7度0.15g，遭遇烈度9度)

图5 六层底框，现浇楼板，框柱上、下端及节点破坏，梁完好(拍摄地点：都江堰市，设防烈度7度0.1g，遭遇烈度9度)

图6 局部底框，现浇楼板，框柱严重破坏，梁完好（一方向为加腋梁）(拍摄地点：都江堰市，设防烈度7度0.1g，遭遇烈度9度)

较典型的框架梁铰震害实例，而在现场这种梁柱节点处的梁较少见，拍到的其他梁的破坏基本都属于跨中弯曲裂缝和近支座处的剪压破坏。从其他方面获得的极少梁端破坏的震害资料图片中，看到的也基本上是一些开展尚不明显的梁端竖向直裂缝。这种破坏不存在梁端钢筋的塑性变形和混凝土的压溃，也就不存在可转动的屈服机制。

那么又是什么原因造成这种现象呢？目前专家分析，大体归纳起来，主要是以下几种原因：

1. 认为现浇梁板体系中，现浇形成的T形梁的截面惯性矩以及翼缘范围中的板配筋均提高了梁实际抗弯能力，从而使梁端达到的抗弯能力远大于柱端抗弯能力，无法实现 $\Sigma Mc > \Sigma Mb$；

2. 认为与板现浇的梁在平面内约束能力要远强于柱。

3. 认为柱的双向抗弯承载力通常小于单向弯矩承载能力，与结构主轴斜交的地震作用造成塑性铰从梁上转移到柱上。其余认为个别可能属于设计和施工的缺陷造成的。

前两点从形成机制上的解释前提均是现浇板楼盖结构。但实际上，这次汶川地震中饱受诟病的预制楼板结构，广泛地存在于重灾区的各个角落。针对采用预制楼板，现浇梁、柱的框架结构，应该是完全符合设计模型的杆系结构，但同样也出现了大量的柱铰破坏。

三、框架弹塑性分析结果

那么到底现行设计能实现"强柱弱梁"吗？

我们先从理想的杆系模型出发，做抗倒塌非线性弹塑性分析，看能不能得到"强柱弱梁"的结果。

我们要求的小震不坏，中震可修，大震不倒，实际上可理解为在水平力作用下，将建筑物从完好，到水平力不

断加大直到完全推覆的一个过程中的数个不同阶段，这也是静力弹塑性分析Push-over方法所采用的基本思路。另外许多研究成果也表明，Push-over方法对以第一振型振动为主的、基本周期在两秒以内的结构能够很好地估计结构整体和局部的弹塑性变形，同时Push-over方法和弹塑性动力时程分析对框架结构的结构整体和塑性铰的分布分析结果也基本一致。因此，采用Push-over方法对多层框架结构进行非线性弹塑性分析及塑性铰的分布分析应该是可行的。

以下选用的分析算例为按现行规范设计的框架工程，各项分析结果和指标，包括罕遇地震下的弹塑性变形结果等均符合现行规范要求，分析结果如下（水平荷载取倒三角形，以下算例计算加载方式和统计方法均同；另由于每个算例均存在首层首先出现或与其他层同时出现塑性铰这一规律，因此均以首层统计结果计；梁柱主筋均采用HRB400级钢筋，构件配筋按计算结果实配，不做人为放大）：

工程一：七度区五层内廊教室，三级框架设计，分析结果：首层横向加载到第16步出现梁铰，第18步出现柱铰，纵向加载到第20步出现柱铰，第23步出现梁铰；改为二级框架后，横向第16步出现梁铰，第19步出现柱铰，纵向加载到第21步出现柱铰，第23步出现梁铰；继续提高柱的抗弯内力，改为一级框架后，横向第16步出现梁铰，第20步出现柱铰，纵向加载到第23步同时出现柱铰和梁铰。分析结果统计见下表：

工程二：八度区三层单廊教室，二

方向	三级框架	二级框架	一级框架
X向(纵向)	20[th]c, 23[th]b	21[th]c, 23[th]b	23[th]b+c
Y向(横向)	16[th]b, 18[th]c	16[th]b, 19[th]c	16[th]b, 20[th]c
柱纵筋配筋率ρ（%）	1.13% max 0.61% min	1.13% max 0.72% min	1.77% max 1.00% min

图7 五层内廊教室一级框架X向加载到第23步同时出现柱梁铰

级框架设计，首层横向加载到第35步出现柱铰，第40步出现梁铰，纵向加载到第36步同时出现柱铰和梁铰；改为一级框架，横向第36步同时出现柱铰和梁铰；纵向加载第40步同时出现柱、梁铰；改为特一级框架后，横向第40步出现梁铰，第41步出现柱铰，纵向加载到第38步出现梁铰，第44步出现柱铰。

分析结果统计见下表：

方向	二级框架	一级框架	特级框架
X向(横向)	$35^{th}c$, $40^{th}b$	$39^{th}b+c$	$40^{th}b$, $41^{th}c$
Y向(纵向)	$36^{th}b+c$	$40^{th}b+c$	$38^{th}b$, $44^{th}c$
柱纵筋配筋率 ρ（%）	2.05% max 1.14% min	3.09% max 1.57% min	3.57% max 1.90% min

图8 三层外廊教室,一级框架,当X向加载到第48步首层的铰分布图

工程三：单层建筑：八度，二级框架，X向加载是第72步出现柱铰，第77步出现第一个梁铰；Y向第83步出现柱铰；改为一级框架，X向第73步出现柱铰，梁铰延迟到85步出现，Y向第82步出现柱铰；改为特级框架，第77步出现柱铰，梁铰到89步出现。Y向加载各级框架自始至终未出现梁铰。分析结果统计见下表：

方向	二级框架	一级框架	特级框架
X向(横向)	$72^{th}c$, $77^{th}b$	$73^{th}c$, $85^{th}b$	$77^{th}c$, $89^{th}b$
Y向(纵向)	$83^{th}c$, 无b	$82^{th}c$, 无b	$86^{th}c$, 无b
柱纵筋配筋率 ρ（%）	0.95% 0.80%	3.09% max 1.57% min	3.57% max 1.90% min

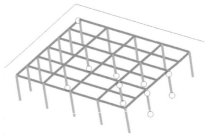

图9 单层建筑，特级框架，X向第89步开始出现梁铰

工程四：三层建筑，九度，一级框架，X向加载第38步出现柱铰，第64步出现第一个梁铰，第70步出现柱铰；改为特级框架，第62步出现柱铰，梁铰到68步出现，Y向第59步出现梁铰，第68步出现柱铰。

分析结果见下表：

方向	二级框架	一级框架	特级框架
X向(横向)	—	$38^{th}c$, $64^{th}b$	$62^{th}c$, $68^{th}b$
Y向(纵向)	—	$66^{th}b$, $70^{th}c$	$59^{th}b$, $68^{th}c$
柱纵筋配筋率 ρ（%）	—	2.51% max 1.17% min	2.97% max 1.54% min

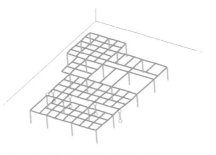

图10 三层建筑，特级框架，首层X向第68步开始出现梁铰

从以上结果不难看出，即使是对一级框架，柱实际配筋的抗弯内力达到梁的1.4和1.2倍的情况下，也不保证梁先于柱发生铰，而当相对抗弯能力提高到1.68倍时(特级框架)，仍有柱铰先于梁铰发生的情况。另外，不论二级、一级框架，还是特级框架，均不能得出教科书中梁依次出现耗能铰，柱保持完好的理想延性框架结果。同一结构，不断提

高柱的配筋，也不完全能将柱铰转移到梁上，甚至在单层框架中直到水平力全部加完（与竖向力等同），也得不到梁铰。随着抗震等级的提高和配筋的不断加大，柱铰、梁铰延迟出现时间变化不大，出现的数目有所减少。另外还发现在先出梁铰的结构中，出现梁铰的梁多为高跨比较小的梁（我们实际设计时尽量避免的梁，见抗规6.3.1条要求)。

四、探讨

地震区的大部分震害似乎印证了上述分析结果。具体工程有其复杂性和离散性，要得到定量的和准确的权威性结论，还需要大量的实验和研究，但目前这方面的研究还不多，以上分析得出的一些规律和趋势应该是有参考价值的，也是值得我们认真总结和研究的。并且以上的分析均是以梁、柱杆系为模型，尚未考虑实际现浇梁板结构体系中梁的抗弯能力的增强和提高，如考虑，梁铰应该会出现得更晚。

在抗震规范的条文解释中，关于"强柱弱梁"有这样的注解："……这种概念设计，由于地震的复杂性、楼板的影响和钢筋屈服强度的超强，难以通过准确的计算真正实现……本规范的规定只是在一定程度上减缓柱端的屈服……"在各版本的抗震结构设计教科书中，也都有这样的结论：要真正达到强柱弱梁的目的，柱与梁的极限抗弯能力要求在1.60甚至2.0以上。

柱铰是地震中引起主体结构严重倾斜破坏甚至倒塌的主要原因。"强柱弱梁"是确保大震不倒的一项假定和设计原则，而传统设计方法不断加大柱截面和配筋，提高其抗弯能力，虽然可以减少相同条件下柱铰发生的数目，却不能肯定推迟柱铰的产生，也不能肯定达到不产生危害整体稳定的柱铰的目的。尚且对某些特定的结构形式，如框支梁

和加腋梁产生梁铰就更加困难。由此看来，借助相对抗弯能力的"强柱弱梁"抗震措施提高结构投入是肯定的，但效果是甚微的，甚至是不确定的。

依照我国抗震规范设置抗震构造措施的基本精神：增加关键部位的投资即可达到提高安全目的。既然我们不能完全避免出现柱铰，我们能否退而求其次，在框架结构容易发生柱铰的底部，提高竖向结构构件的塑性变形能力，从而使框架的危害性柱铰推迟发生，建筑的抗倒塌能力得以提高和保证呢？

在上述工程一中，我们试将框架的抗震等级调整为四级，即不做柱抗弯能力的增强，只在中部柱上设置短的翼墙（结构布置见图11）。经罕遇地震下的弹塑性分析，虽然柱铰、梁铰发生的顺序没有改变，但各向发生铰的时间均有推迟，而且结构整体的需求层间位移角也随之减小。

加设翼墙与原一级框架弹塑性分析结果对比：

方向	四级框架加设柱翼墙	一级框架
X向(纵向)	26[th]c, 33[th]b	23[th]b+c
Y向(横向)	18[th]b, 20[th]c	16[th]b, 20[th]c

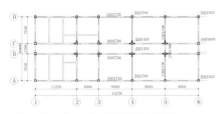

图11 工程一首层加设耗能柱翼缘布置平面

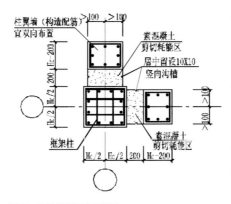

图12 柱耗能翼墙推荐做法

由此看来，在建筑底部加设柱耗能翼墙，提高了柱的塑性变形储备能力，对推迟结构塑性铰的产生效果是明显的。

同时需要指出的是，在上述加设柱耗能翼墙的做法思路，只是想构造上为单道设防的框架结构增设一道抗震耗能区，并不想彻底改变框架结构的抗震受力特性。在框架的第一道抗震防线——柱和翼墙之间的素钢筋混凝土剪切耗能区破损退出工作后，增大的框架初始刚度得以下降，地震响应恢复到纯框架状态，进入到下一个较大变形的纯框架受力阶段，这个阶段再以传统框架的填充墙破坏和结构主体塑性铰的不断形成继续耗能，实现大震不倒的性能目标。因此，这类框架在不计所加的翼墙情形下，小震的承载能力和变形设计要求以及罕遇地震下变形要求均应满足规范要求。

当然以上方案只是一种增强框架延性和提高框架抗震性能的尝试，此类具体的抗震构造措施和设计方法还有待进一步研究和完善。

五、结语

提高框架结构抗倒塌的有效措施是在建筑底部（类似高层的底部加强区）加强竖向结构构件的塑性变形能力（加设耗能支撑或柱耗能翼墙）和控制框架的弹塑性位移角不致过大是关键。这样不仅能够提高框架结构的初始刚度，而且无疑为这种仅有一道设防能力的抗震不利结构提供了一道保险。

在我们尚缺乏对钢筋混凝土结构弹塑性能的全面认识的情况下，静力弹塑性分析Push-over方法不失一种对钢筋混凝土框架结构进行抗倒塌分析的有效手段。建议规范减小框架的弹塑性位移角限值，如采用美国规范ACI标准的1/80，从而使设计者为满足此要求增加柱截面和框架整体刚度，并增加钢筋混凝土框架结构做罕遇地震下弹塑性定量分析的相关要求。

在传统的设计方法实现"强柱弱梁"结果不确定的情况下，尝试推荐"强柱弱梁"的新含义:增强柱的弹塑性耗能和变形能力，减小梁相对于柱的抗弯刚度比和减弱板对梁抗弯能力的增强作用。

在此论文的撰写过程中，先后得到了王亚勇教授、叶列平教授、夏洪流教授的帮助，在此一并表示感谢。

《混凝土结构设计规范》11.7.10条 PKPM程序的应用、注意事项和问题探讨

彭勃

彭勃，国家一级注册结构师、高级工程师，学士学位，2002年毕业于新疆大学建筑工程专业，现任新疆玉点建筑设计研究院二分院副院长、总工。

一、引言

剪力墙之间的联系梁即为连梁，连梁刚度相对于剪力墙的刚度较小，若连梁按弹性刚度参与整体分析，连梁承受的弯矩和剪力很大，连梁截面和配筋很难满足设计要求，出于此方面考虑，规范允许在不影响承受竖向荷载能力的前提下，让其适当开裂，降低其刚度，将内力转移到墙体上，即允许连梁刚度进行折减。但在高烈度地区，连梁截面抗剪不足或配筋超限，仍是设计人员经常遇到的问题，对于框架剪力墙或框架核心筒结构更为突出。针对连梁超限新版《混凝土结构设计规范》GB50010-2010（以下简称《混规》）、《建筑抗震设计规范》 GB 50011-2010、《高层建筑混凝土结构技术规程》 JGJ 3-2010也给出了相应的计算方法和处理措施，现就《混规》第11.7.10条的PKPM程序应用、应用时的注意点，以及需探讨部分简述如下。

二、《混凝土结构设计规范》11.7.10条的引用

对于高烈度区跨高比不大于2.5的连梁，由于抗剪截面不足而引起的超限，可按照《混规》第11.7.10条在连梁内除设普通箍筋外，采取设置斜向交叉钢筋(墙厚bw≥250)或集中对角斜筋、对角暗撑的配筋方式(墙厚bw≥400)，从而提高连梁的延性和相应的截面抗剪承载力限值。

配置交叉斜筋或集中对角斜筋、对角暗撑的配筋方式受剪截面应符合下列要求：

$$V_{wb} \leq \frac{1}{\gamma_{RE}}(0.25\beta_c f_c b h_0) \quad (11.7.10-1)$$

配置交叉斜筋的斜截面受剪承载力应符合下列要求：

$$V_{wb} \leq \frac{1}{\gamma_{RE}}[0.4f_t b h_0 + (2.0\sin\alpha + 0.6\eta)f_{yd}A_{sd}]$$
$$(11.7.10-2)$$

$$\eta = (f_{sv}A_{sv}h_0)/(sf_{yd}A_{sd}) \quad (11.7.10-3)$$

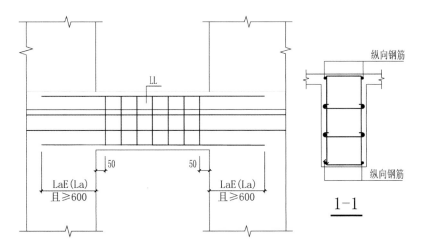

图1 普通连梁配筋构造

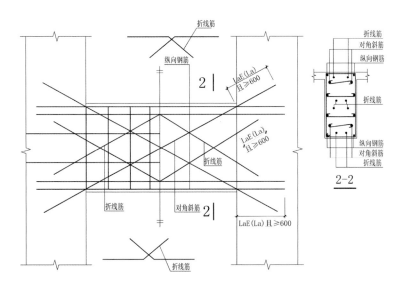

图2 连梁交叉斜筋配筋构造

配置集中对角斜筋或对角暗撑的斜截面受剪承载力应符合下列要求：

$$V_{wb} \le \frac{2}{\gamma_{RE}} f_{yd} A_{sd} \sin\alpha \quad （11.7.10-4）$$

三、PKPM程序应用如下

首先进入SATWE"接PM生成SATWE数据"界面，再进入"分析与设计参数补充定义中"的"配筋信息"，定义"梁抗剪配筋采用交叉斜筋方式时，箍筋与对角斜筋的配筋强度比"，定义完毕后，进入"特殊构件补充定义"的界面（对于采用对角斜筋或对角暗撑的处理措施，可直接进入此界面），点取"特殊墙"进入界面，选取"交叉斜筋"或"对角暗撑"定义连梁即可。对于按梁输入，需定义设置"交叉斜筋"或"对角暗撑"的连梁，进入"特殊梁"界面即可完成（图5）。

四、程序应用需注意以下几点

1. 适用于连梁跨高比不大于2.5，且为连梁抗剪截面不足。

2. 连梁剪力设计值

$$V_{wb} \le [\frac{1}{\gamma_{RE}}(0.25\beta_c f_c bh_0) = $$

$$\frac{0.25}{0.15}\frac{1}{\gamma_{RE}}(0.15\beta_c f_c bh_0) = 1.67V_{wb普}$$

3. 填取箍筋与对角斜筋的配筋强度比 η 时，建议取1.2，因为对角斜筋配置在墙体厚度范围内，此时在洞边处，有连梁纵筋、边缘构件纵筋及对角斜筋均汇交于此，对角斜筋配置较多时，会引起钢筋无法排布。当 $\eta=1.2$ 时，箍筋抗剪承载力贡献达到限值，在效应不变的情况下，对角斜筋面积就会越小。

4. 配置交叉斜筋或集中对角斜筋、对角暗撑随跨高比的减小，其交叉钢筋提供的抗剪承载力就越大，计算的交叉钢筋截面面积越小，这是由交叉钢筋与梁纵轴的夹角确定的。

五、规范条文探讨的部分

1. 对于跨高比大于2.5的连梁，截面抗剪超限时，《混规》未做说明；我个人理解如下：

假设连梁跨高比在2.5~5.0之间，则 $\alpha = \arctan = \frac{1}{2.5} \sim \frac{1}{5.0}$ $\alpha = 21.8° \sim 11.3°$（此处未考虑保护层对交叉斜筋倾角的影响），此时对应的 $\alpha = 0.371 \sim 0.196$，从数值上看，随着跨高比增加，相同对角斜筋的面积，抗剪承载力贡献减小，钢筋的抗剪强度利用率越低，不经济。对于跨高比大于2.5的连梁超限时，个人观点是在抗剪超限较少，且跨高比接近2.5时，可按设置对角斜筋的方案处理，受剪截面按提高后的进行复核，但不建议按设置集中对角斜筋或对角暗撑的处理措施。

2. 对于采用集中对角斜筋配筋或对角暗撑配筋的连梁，根据公式11.7.10-4得出，此时连梁内的箍筋仅为构造配置，不分担剪力，剪力全部由交叉钢筋承担，因此在设计中，往往会出现对角斜筋或对角暗撑配筋很大，且在洞边引起钢筋集中，不便于施工。从规范对配置对角斜筋的连梁，箍筋和对角斜筋可以共同参与截面抗剪的规定，是否可以对配置箍筋和集中对角斜筋或

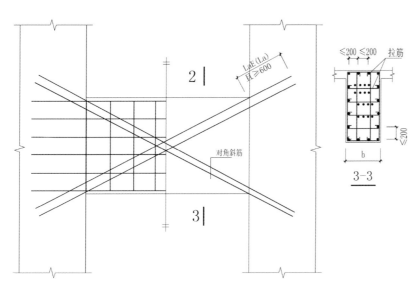

图3 连梁集中对角斜筋配筋构造

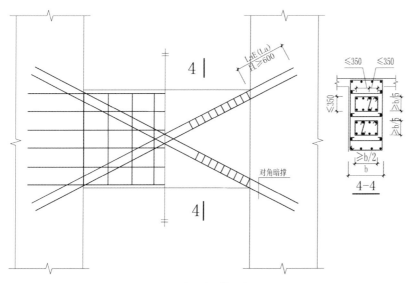

图4 连梁对角暗撑配筋构造

对角暗撑的连梁，考虑箍筋对抗剪作用的贡献，这样可以进一步减少交叉钢筋的面积，降低施工难度。个人观点是连梁内配置集中对角斜筋或对角暗撑和对角斜筋的受力状态相似，因此计算公式可以按《混规》式11.7.10-2进行集中对角斜筋或对角暗撑截面面积的计算或者做相应的实验研究。

3.《混规》式11.7.10-2中，A_{sd}为单向对角斜筋的截面面积，在相应的图11.7.10.1中，对角斜筋和折线筋分开表示，此时就会理解为A_{sd}仅为图中的对角斜筋。但从力的角度分析，同一截面处，折线筋也有抗剪分力的贡献，因此个人认为，公式中的A_{sd}包含单向折线筋的面积，不过需注意折线筋角度的问题。

4.《混规》第11.7.10条和《高规》第9.3.8条均对设置对角（交叉）暗撑的连梁给出了斜截面受剪承载力的计算公式，《混规》中对设置对角（交叉）暗撑的连梁，提高了截面抗剪的限值，但《高规》未做调整。根据规范的条文解释，个人观点认为，连梁设置暗撑后，连梁延性有所提高，更好地满足连梁剪切破坏后，剪力墙对连梁的延性要求，因此按《混规》的规定进行连梁设计，比较合适。

以上是本人对《混规》第11.7.10条的理解和一些观点，希望设计同行批评、指正。

[参考文献]

[1]《混凝土结构设计规范》 GB 50010-2010

[2]《高层建筑混凝土结构技术规程》 JGJ 3-2010

[3]《多层及高层建筑结构空间有限元分析与设计软件（墙元模型）》 SATWE 用户手册（2010版）

[4]《JPKPM2010（v1.3）更版说明》

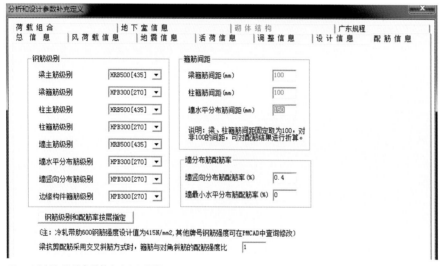

图5 "分析与设计参数补充定义"界面

Midas/Gen的学习体会

——Midas/Gen建模、分析功能初探

马俊德

马俊德，高级工程师、国家一级注册结构工程师。

1998年毕业于西安建筑科技大学建筑工程系。

现任新疆玉点建筑设计研究院结构副总工程师、二分院副院长、结构总工。

自治区蓝图审查中心技术专家。

Midas/Gen作为针对结构整体分析的软件，在引入国内之后，已全面纳入中国常用规范，并推出相应的中文版本，计算结果的输出方面，也考虑到国内常用计算软件Satwe使用习惯，但通过具体操作，发现尚有较多区别，主要原因在于尽管相关的说明书详尽，但二者之间的参数对应关系并无较详细说明，须学习者在使用中自行摸索。

以下为笔者在学习该软件过程中，针对Satwe的相关功能在Midas/Gen中如何实现，以及其前处理功能予以简单介绍，供同行参考。

1.模型的建立

Midas/Gen软件中模型的建立可采用多种方式，常用方法详述几种：

1.1 通过转换软件建模

对于已经建立有Satwe模型的工程，可将Satwe模型直接导入到Midas/Gen软件中(图1)，需要用到Satwe生成的三个文件：STRU.SAT、LOAD.SAT、WMASS.OUT，转换后生成STRU.mgt，在Midas/Gen选择"导入>Midas Gen MGT文件"方式，将其导入存为*.mgb格式文件即可。这是较为简洁的一种方式，仅限于PKPM2008版之前的版本。采用该方法时，需注意以下几点：

①从Satwe导入的只有材料、截面、荷载等信息，风荷载、地震力等均需手工补充输入。

②如果在PMCAD中输入框架梁、柱的偏心，在Midas/Gen中会在边界条件中，以刚域的形式体现，输入偏心的框架梁，或与偏心布置框架柱相连的框架梁则以折线方式显示（图2、图3）。因偏心造成楼层面积略有改变，视偏心值的大小及总楼层面积的多少，会导致重力荷载代表值出现一定偏差，导致地震力和结构的侧移刚度稍有出入，对结构整体计算略有影响。

③在Satwe中为考虑梁、柱、墙等混凝土构件的表面抹灰层荷载，或设计特种混凝土时，需将混凝土的容重增大，如取$26 \sim 28$ kN/m^3，在导入Midas/Gen后，程序默认的中国规范中混凝土的容重按25kN/m^{3}取值，如想与Satwe中保持一致，可先选定规范GB（RC），选定混凝土强度等级（如C30），再将规范选项改为"无"，即可修改混凝土的容重(图4)。

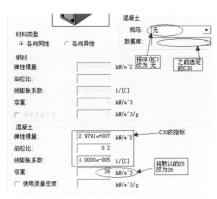

图4 修改砼容重

④PMCAD中输入的楼面均布荷载，以及梁上各种荷载都可以正确导入Midas/Gen中，但楼面均布荷载是以梁上线荷载的方式导入的，无法再次直观的检查楼面荷载，经对比，其数值与PMCAD中楼面荷载导入Satwe后梁上线荷载相符。

⑤在PMCAD中布置的楼板无法导入Midas/Gen中，如果结构比较简单、规则、楼板无大开洞，即无需考虑弹性楼板时，Midas/Gen中可以在下拉菜单"模型>建筑物数据>定义层数据"中点击"生成层数据"，选择"考虑"刚性楼板即相当于在PMCAD布置楼板，接力Satwe计算。如某结构需考虑弹性楼

图1 Satwe模型转Midas窗口

图2 框架柱偏心

图3 框架梁偏心

板，操作方式详见表1：

表1　各种楼板输入方式对比

弹性板类型	楼板方式	平面内厚度	平面外厚度	定义层数据时选项
弹性板6	板单元	真实板厚	真实板厚	不考虑刚性板
弹性板3	板单元	板厚填0	真实板厚	考虑刚性板
弹性膜	板单元	真实板厚	板厚填0	不考虑刚性板

注：a. PKPM中的"弹性板6"即采用壳元真实计算楼板平面内和平面外的刚度；b. PKPM中的"弹性板3"即假定楼板平面内无限刚，楼板平面外刚度是真实的；c. PKPM中的"弹性膜"即程序真实的计算楼板平面内刚度，楼板平面外刚度为零。

⑥程序可以自动计算所有输入单元的"自重（重量）"，用于静力分析以及施工阶段的分析，此时需执行下拉菜单"荷载>自重"，选择恒荷载工况，即将自重按恒荷载计算，X、Y向的自重系数填0，Z向的自重系数填"－1"，表示与Z轴的正向相反。

⑦在动力分析（反应谱分析或时程分析）或静力等效地震荷载计算（底部剪力法）时，需用到结构的"质量"和刚度进行特征值分析，计算出结构的周期等，结构的总质量需分以下两步得到：

a．执行下拉菜单"模型>结构类型"，选择"将结构的自重转换为质量"，通常不考虑竖向地震力时，选择"转换到X、Y"即可。b.执行下拉菜单"模型>质量>将荷载转化成质量"，即将各种荷载转化为重力荷载代表值。各种荷载的组合值系数取值详见《建筑抗震设计规范》（GB 50011－2001）（以下简称《抗规》）第5.1.3条。

⑧执行下拉菜单"模型>建筑物数据>定义层数据"，点击"生成层数据"即可完成楼层组装。此处"地面高度"对应于"模型>建筑物数据>控制数据"中的"地面标高"，程序自动计算风荷载时，将自动判别地面标高以下的楼层不考虑风荷载作用，注意此功能不是用来定义地下室的。

定义地下室有两种方式：方法一是将地下室最底层的节点嵌固，其余的节点约束X、Y两个方向的位移，在定义层数据的时候解除地下室各层的刚性楼板假定。方法二是在地下室周边的节点加弹簧，弹簧的刚度根据土的特性确定。一般建议使用方法一。

⑨在PMCAD中按开洞方式布置的剪力墙洞口，导入Midas/Gen后无法识别，应在PMCAD中按输入连梁的方式布置洞口。

1.2 在Midas/Gen中直接建立模型

同在PMCAD中建模一样，依次执行定义截面、布置（建立）梁、板、柱、剪力墙等构件、布置荷载、楼层组装等等，在软件安装光盘中附带有建模动画，此处不再赘述。需注意有别于PMCAD的一些建模功能：

①Midas/Gen中柱也是通过梁单元模拟，这一点与PMCAD中的习惯不同（从Satwe导入的模型中，梁、柱均转换为梁单元）。

②Midas/Gen中建立轴网后，梁、柱、板、剪力墙均可通过"扩展单元"的方式实现。梁和柱可以通过"节点→线单元"扩展而成，板和剪力墙可以通过"线单元→平面单元"扩展而成。使用扩展功能生成板时，要注意去掉程序默认的"删除"选项，否则选中被扩展的梁单元将被删除，影响后续楼面荷载的布置。

③通过"建立单元"的功能布置剪力墙，布置时采用"板单元"或"墙单元"模拟剪力墙，区别在于：

a．采用"板单元"模拟剪力墙时，必须进行板单元细分，将墙划分为1～2m的网格，洞口处需适当加密。其分析精度较高，且可输入节点两端顶标高不同的墙，即墙顶或墙底倾斜时，可采用板单元模拟剪力墙。

b．采用"墙单元"模拟则可节省分

析时间，且后处理可直接按规范输出配筋结果。选择"墙单元"时，有"膜"和"板"两个选项，"膜"没有面外刚度，而"板"具有平面内和平面外刚度，由于墙可按实际厚度考虑其相应面内、面外刚度，建议选"板"。

④框架梁、框架柱的偏心布置：Midas/Gen程序没有提供类似PMCAD中灵活的偏心布置方式，但可以通过两种方式实现偏心布置功能：

a. 定义梁、柱截面时，选择"修改偏心"输入偏心值。这种方式对同一种编号的截面都起作用，即使相同截面，不同的偏心也需定义成不同的截面，造成截面定义偏多。采用这种方式布置后的构件，与PMCAD相同，可以直接在模型中显现出偏心，比较直观。

b. 利用边界条件里设置梁端刚域实现梁、柱偏心：选择需要偏心布置的梁或柱，点击下拉菜单"模型>边界条件>设定梁端刚域"，输入构件两端的偏心值即可。该方法可以对构件定义三个方向上的偏心，但在模型中构件不直接显现出偏心，打开"显示>边界"，勾选"梁端偏心"后，在已设置偏心的构件端部节点处会出现短线，短线长度同输入的偏心数值(图5、图6)。

图5　框架梁设置刚域

⑤在Midas/Gen中按"分配楼面荷载"方式布置楼面荷载后，楼面荷载传导至梁上的线荷载是按每个房间单独显示，而不是自动累计值，导致相邻房间共用梁上显示线荷载的字符重叠在一起，无法辨别。如想检查导荷是否正确，可在布置其中一个房间的楼面荷载时，选择"转换为梁单元荷载"，布置相邻房间的楼面荷载时，则不选此项，

图6 框架柱设置刚域

分别通过显示"楼面荷载"和"梁单元荷载"，即可查看楼面荷载传导至梁上的线荷载。

⑥输入边界条件：在Midas/Gen中建立模型后，必须执行下拉菜单"模型>边界条件>一般支承"，选择需要嵌固的节点，约束其平动及转动即可。

1.3 在Autocad中建立模型转换

在Autocad中建立三维模型，生成dxf文件，在Midas/Gen中导入dxf文件后，后续步骤同方法2。

1.4 通过sap2000模型转换

可导入sap2000V6、V7、V8版本生成的*.S2K文件。

2.荷载的输入

2.1 楼板及梁上荷载的输入

①如果按生成层数据中"考虑"刚性楼板方式"布置楼板"时，楼板的荷载与PMCAD输入方式相同，恒荷载中应包含楼板自重。

②用板单元建立楼板时，楼板自重按"板上压力荷载"的形式传递，直接以节点荷载传递到板与梁共有的节点上，这一点与"楼面荷载"以三角形或梯形荷载传递到梁上不同。因此对板荷载来说，最好采用"楼面荷载"的方式。建立板单元时，对于楼板单独定义一种容重为0的混凝土材料，再按上述方法①布置楼面荷载即可。如果各层荷载相同，在布置楼面荷载时，也可选择竖向复制，类似于Satwe的层间编辑功能。

③梁上荷载共有6种类型，集中荷载、集中弯矩/扭矩、均布荷载、均布弯

矩/扭矩、梯形荷载、梯形弯矩/扭矩，基本能满足梁上荷载的工程需要。

2.2 风荷载的输入

Midas/Gen中风荷载的输入较为简单，输入方式类似于Satwe，地面粗糙度、基本风压、体型系数等需设计人填写，结构周期和脉动增大系数可由程序自动计算。但必须在"定义层数据"后才可自动生成风荷载。

2.3 地震力的输入

以下仅对振型分解反应谱法在Midas/Gen中的实现加以说明。

①定义反应谱函数：在Midas/Gen中，与Satwe中直接填写地震信息不同，需先定义反应谱函数：点击下拉菜单"荷载>反应谱分析数据>反应谱函数"，添加设计反应谱函数，选择调用相应国家的反应谱数据，填写相应的抗震设防烈度、设计地震分组、场地类别等信息即可。此处有一"放大系数"的系数项可供修改，默认值为1.0，其功能是放大任意方向的地震力。

②定义反应谱荷载工况：即定义X、Y向或Z向的地震作用。点击下拉菜单"荷载>反应谱分析数据>反应谱荷载工况"后，"方向"选项中的"X-Y"和"Z"分别是定义水平地震力和竖向地震力，而X向、Y向的地震力则是通过修改"地震作用角度"为0度和90度来实现。此处的"系数"为地震作用方向上反应谱荷载数据的放大系数，该系数只放大所选择地震作用方向上的地震作用(图7)。点击"模态组合

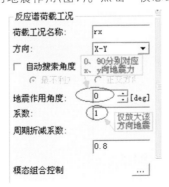

图7　定义反应谱工况

控制"，选择振型组合类型，按规范要求，对空间结构应采用考虑扭转耦联的CQC组合方法（完全二次型平方根法）求解方程。此处"考虑振型正负号"的意义在于给振型组合结果添加正负号，使最终结果（弯矩、位移等）的相对性（比如各节点的弯矩符号，各节点间的相对位置）具有连贯性，没有什么特殊意义，仅方便结果的查看。建议选择此项，"选择振型方向"和"选择振型形状"按程序默认值取用即可。对于"阻尼比计算方法"一项，可按默认的"振型"法取用，混凝土结构，阻尼比取为0.05。"特征值分析控制"中提供了三种特征值分析的方法：特征值向量的子空间迭代法和Lanczos法，以及多重Ritz向量法（MR法），可根据具体需要选用。

③偶然偏心的实现：Midas/Gen中有两处"偶然偏心"的选项，在下拉菜单"模型>建筑物数据>层"中点击"生成层数据"后，出现"考虑偶然偏心"的勾选项，此处的偶然偏心适用于底部剪力法计算地震作用，默认偏心值为5%；在定义反应谱工况时，还有一个"偶然偏心"的勾选项，默认偏心值仍为5%，用于采用反应谱分析，计算单向地震作用下的考虑偶然偏心影响。

④双向地震作用的实现——Midas/Gen中双向地震作用是在"荷载组合"中实现的。点击下拉菜单"结果>荷载组合"后，在"自动生成"选项中有"考虑正交结果"的勾选项，在"设置双向地震荷载工况"中的荷载工况1、2中，分别选择X、Y向地震作用荷载工况即可（图8）。

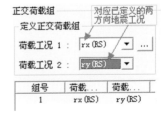

图8　定义双向地震

3.结构分析与荷载组合

Midas/Gen中对于没有定义非线性单元，且所做分析为线性分析时，荷载组合可在后处理中进行，即运行分析后再做组合。这样处理可以缩短分析所需时间，分析的结果均为单工况结果，也可以查看相关的分析结果，然后在荷载组合中可以按规范要求的组合方式进行组合，得到最终的结果。当模型中设置有非线性单元，程序做非线性分析时，需在分析前建立荷载组合，然后将其定义为一个新的荷载工况后再做分析。

若同时选择"偶然偏心"和"双向地震"，在Midas自动生成的荷载组合中，在与恒荷载、活荷载及风荷载等进行组合时，只有双向地震参与，而没有单向地震作用以及偶然偏心的工况，偶然偏心未参与恒、活、风的组合，是因为双向地震取的已经是偶然偏心结果再进行的组合，未将单向地震作用与恒、活、风进行组合，应是出于双向地震作用较单向地震作用更为不利的考虑。但双向地震未采用X、Y向的单向水平地震作用进行组合，与《抗规》第5.2.3条的规定不同，也与Satwe的处理方式不同（Satwe采用《抗震规范》的规定）（图9）。若要与Satwe统一，则需要手工修改荷载组合，希望以后的版本能

在自动生成荷载组合时，增加用户可以选择组合方式的选项，以减小手工修改荷载组合的工作量。

以上为笔者学习Midas软件过程中，通过查阅软件的用户指南（用户手册及帮助文件）、软件安装光盘中附带的"Midas / Gen常见问题与解答.doc"文件，以及询问软件的工作人员，总结整理得来，可供同行参考，错误之处还请大家不吝指正。

号	名称	激活	类型	说明
1	EQ1	钝化	相加	(1.0) (rx(RS)+rx(ES))
2	EQ2	钝化	相加	(1.0) (rx(RS)-rx(ES))
3	EQ3	钝化	相加	(1.0) (ry(RS)+ry(ES))
4	EQ4	钝化	相加	(1.0) (ry(RS)-ry(ES))
5	SRSS5	钝化	SRSS	SQRT[EQ1^2 + 0.85EQ3^2]
6	SRSS6	钝化	SRSS	SQRT[EQ1^2 + 0.85EQ4^2]
7	SRSS7	钝化	SRSS	SQRT[EQ2^2 + 0.85EQ3^2]
8	SRSS8	钝化	SRSS	SQRT[EQ2^2 + 0.85EQ4^2]
9	SRSS9	钝化	SRSS	SQRT[EQ3^2 + 0.85EQ1^2]
10	SRSS10	钝化	SRSS	SQRT[EQ3^2 + 0.85EQ2^2]
11	SRSS11	钝化	SRSS	SQRT[EQ4^2 + 0.85EQ1^2]
12	SRSS12	钝化	SRSS	SQRT[EQ4^2 + 0.85EQ2^2]
13	gLCB13	激活	相加	1.35D + 1.4(0.7)L
14	gLCB14	激活	相加	1.2D + 1.4L

图9　自动生成的荷载组合

盈科广场高层结构设计

彭勃　张中　梁俊梅

梁俊梅，从事结构设计，高级工程师。

2002年毕业于新疆大学土木工程专业。

1. 工程概况

盈科广场位于新疆乌鲁木齐市北京南路东侧。总建筑面积8.57万m²，其中地上7.37万m²，分A、B座两塔，见图一。A、B座由三层地下室相连，层高自上而下为4.5m、5.2m、4.0m；地上建筑之间设150mm宽抗震缝将A、B座分隔成两个独立的结构单元。A座28层，带4层裙房，层高首层4.8m，二至三层3.9m，四层4.25m，五至二十七层3.45m，二十八层为3.6m，室内外高差0.3m，建筑高度99.95m；A座为框架核心筒结构。B座32层，层高首层4.8m，二至三层3.9m，四层5.4m，五至三十二层2.9m，室内外高差0.3m，建筑总高99.50m；B座结构采用部分框支剪力墙结构，转换层位于第四层，按《高层建筑混凝土结构技术规程》（JGJ3—2002）第4.2.2条属B级高度建筑，且转换层位置超过高规第10.2.2条8度时要求的第三层。功能上四层及以下为商业用房，A座五层及以上为综合办公用房，B座五层及以上为公寓；

地下共3层，功能为停车库和设备用房。建筑效果图见附图一。根据《建筑抗震设计规范》（GB50011—2001）该建筑所在地抗震设防烈度为八度，设计地震分组第一组，设计基本地震加速度值为0.2g，场地类别为Ⅱ类。基本风压w0=0.7kN/m²（n=100年），基本雪压s0=0.8kN/m²（n=50年）。

2. 基础设计

根据新疆建筑勘察设计院提供的岩土工程勘察报告，场地土自上而下依次为1.杂填土，2.卵石，3.强风化基岩，4.中风化基岩，中风化基岩为本工程的持力层，该层埋深11.10－18.00m，岩石坚硬程度为软岩，岩体基本质量等

图1　建筑效果图

级为Ⅵ类，地基土承载力特征值fak＝800kPa，地基压缩模量Es＝85MPa，地基基床反力系数 Ka＝500000kN/m³。地下水位于自然地面下9～16m，类型属潜水，水位变化在1.0～1.5m。根据以上条件该建筑采用以下基础方案：

A、B座主楼部分采用梁式筏板筏基，筏板厚1.500m，局部1.8m，裙房对应部位，采用柱下独立基础，并设置600mm厚防水底板，并要求地下室外围构件均为抗渗混凝土，混凝土抗渗等级不低于S8，基础混凝土强度等级C40。

本工程地下室总长74.3m，为方便使用和防水处理，地下室结构未设置变形缝，为解决混凝土收缩问题采用了下列措施：首先在长度方向中部设置一道后浇带，其次适当提高基础底板、外墙板、地下室顶板的水平筋配筋率。

3. 上部结构的抗震设计

结构体系及单元的划分，初设阶段，本工程A座根据建筑功能为写字楼的要求，将框架和筒体共同作为承担抗侧力的体系，更为合理，且使结构类型简单，属A级高度的高层建筑，也能更好地满足建筑功能要求；B座五层及以上为住宅，若采用框架和剪力墙共同作为抗侧力构件，建筑使用不便，且对层高要求较高，不经济适用，故采用剪力墙结构，能更好满足建筑要求，四层及以下为商业用房，采用部分框支剪力墙结构，得以满足大空间的使用要求。因此B座为《高规》规定的复杂高层建筑结构，从概念和计算上均有更高的要求，为了节省投资，且避免将A座简单的结构类型复杂化，让复杂的结构更复杂，即带转换结构转变为多塔带转换层结构，故本工程在A、B座裙楼之间设置变形缝一道，将A座和裙楼连为整体划分为一个结构单元，B座为另一结构单元。施工图阶段A座为框架核心筒结构，平面和竖向均规则，结构分析较简

单，未超限且不需采用特殊的技术加强措施，故在此不做为重点介绍，现重点介绍B座的结构设计。B座为B级高度的高层建筑，建筑高度99.5m，很接近8度B级的高度限值100m，且转换层在四层，其结构平面图见转换层结构平面布置简图，属于高位转换，超出《高规》10.2.2条的转换层位置不宜超过三层的规定，因此本工程属于双超限的工程。按建设部建质〔2006〕220号文要求，该建筑应进行超限审查，且应在主体结构设计时，严格分析其平面和竖向不规则性。

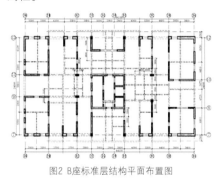

图2 B座标准层结构平面布置图

建筑体型上控制：

建筑平面呈矩形，见标准层结构平面布置图，建筑的高宽比为3.95，满足《高规》（JGJ3—2002）第4.2.3条的要求；长宽比1.78，满足第4.3.3条的规定，竖向无收进。结构构件布置主要控制点：转换层以上为剪力墙结构，底部要求（即四层及以下）为大空间，上部剪力墙布置时，首先选择布置在能落地剪力墙的位置，如楼梯间、电梯间、与下部外墙对应位置；其次选择剪力墙能落在框支框架的位置；最后选择无翼墙、无端柱的剪力墙或者由于梁跨度很大，梁高不满足建筑使用要求时，是否允许新增翼墙，由于此类翼墙一般会落在转换次梁上，考虑到转换次梁与转换主梁共同作用受力复杂，因此在确定翼墙长度时，要求满足一般剪力墙高厚比下限要求即可。转换层及转换层以下剪力墙及框支框架布置应遵循《高规》第

10.2.3条中相应规定，如：转换层上部结构与下部结构的侧向刚度比要求，落地剪力墙的间距要求，转换梁上一层不宜设边门洞、不宜在中柱上方设门洞，转换层与相邻上部楼层侧向刚度比要求等。

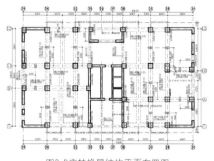

图3 B座转换层结构平面布置图

材料选用：

底部加强区剪力墙混凝土强度等级C60，非底部加强区剪力墙混凝土强度等级：C30~C60，框支柱和转换梁为C60、Q345型钢混凝土；梁、板混凝土强度等级转换层以下为C35，转换层为C60，转换层以上部位为C30。

抗震等级：

本工程地下一层和底部加强区剪力墙抗震等级为特一级，非底部加强区剪力墙抗震等级为一级，地下一～四层框支框架抗震等级为特一级，地下二、三层结构构件抗震等级为三级。

结构分析：

根据《高规》第5.1.13条第1款规定，本工程采用中国建筑科学研究院PKPMCAD工程部编制的多层及高层建筑结构空间有限元分析与设计软件Satwe和Pmsap（2007年1月版）进行结构分析和比较，其中Satwe是采用空间杆元模拟梁、柱杆件，用在壳元基础上凝聚而成的墙元模拟剪力墙，墙元具有平面内外的刚度；Pmsap是基于广义协调理论和子结构技术开发的能够任意开洞的细分墙单元和多边形楼板单元，其面内刚度和面外刚度分别由平面应力膜和弯曲板进行模拟，楼板参与整体结构计算分析。经分析结果如下：

根据《高规》第5.1.13条第3款规定，本工程弹性时程分析法，计算结果见下页表：

多遇地震作用下的分析表：

分析法 分析参数	SATWE	PMSAP
第一振型周期	Y 2.1638	Y 2.180
第二振型周期	X 2.0014	X 2.047
第三振型周期	T 1.4885	T 1.502
结构总重量（KN）	G = 606820.137	G = 600242.250
X向底层剪重比	21398.16(3.53%)	20468.3（3.41%）
Y向底层剪重比	20932.15(3.45%)	20408.2（3.40%）
最大层间位移角	X向 22层 1/1238	X向 22层 1/1183
	Y向 22层 1/1055	Y向 22层 1/1063
刚性楼板偶然偏心下层间位移比	X向 1层 1.30	X向 6层 1.26
	Y向 5层 1.12	Y向 6层 1.10
有效质量系数	X向 96.44%	X向 96.68%
	Y向 97.36%	Y向 97.16%
底层框支框架承担的倾覆弯矩	X向 3.93%	X向 5.84%
	Y向 11.93%	Y向 12.99%

多遇地震作用下的弹性时程分析表：

分析参数 \\ 地震波	RH4TG035	TH4TG035	TH1TG035
最大层间位移角	X向24层1/1322	X向15层1/1510	X向28层1/2407
	Y向26层1/1125	Y向27层1/1275	Y向30层1/2491
地震作用下剪力值（kN）	X向 19555.3	X向 25924.0	X向 16137.6
	Y向 24211.1	Y向 22765.2	Y向 15506.0

振型分解反应谱法（CQC）：

Vex＝21398.16kN，Vey＝20932.15kN

弹性时程分析底部地震剪力最小值与CQC法底部剪力比值：

X向：75.4%；Y向：74.4%

弹性时程分析法底部剪力平均值与CQC法剪力比值：

X向：95.98%；Y向：99.62%

弹塑性静力推覆分析法：

根据《高规》第5.1.13条第4款规定，本工程采用PKPM中EPDA/PUSH进行弹塑性静力分析来验算了薄弱层弹塑性变形，结果如下：

0°方向弹塑性层间位移角为：1/164；

90°方向弹塑性层间位移角为：1/139；

180°方向弹塑性层间位移角为：1/172；

270°方向弹塑性层间位移角为：1/143；

转换层上部结构和下部结构侧向刚度比：

带转换层剪力墙结构影响其抗震性能的主要因素分别是：转换层设置高度、转换层上部与下部结构等效刚度比、转换层结构与其上层结构侧向刚度比。高位转换时转换层上部与下部结构的等效侧向刚度比采用的楼层刚度算法：剪弯刚度算法

转换层所在层号＝4

转换层下部结构起止层号及高度＝

1　4　H1＝18.00

转换层上部结构起止层号及高度＝

5　10

H2＝17.40

X方向下部刚度K1＝0.4624E+08

X方向上部刚度K2＝0.4559E+08

X方向刚度比＝K2×H2/（K1×H1）＝0.953

Y方向下部刚度K1＝0.3445E+08

Y方向上部刚度K2＝0.3321E+08

Y方向刚度比＝K2×H2/（K1×H1）＝0.932

转换层和转换层上一层侧向刚度比：层间剪力与层间位移比算法

Ratx ＝1/1.423＝0.70

Raty ＝1/1.232＝0.81

建筑的规则性检查如下：

扭转不规则性：

本工程在强制性刚性楼板假定下，经试算，偶然偏心影响的地震作用下，最大位移比为1.3，所在楼层一层，大于1.2，因此属于扭转不规则。

凹凸规则性：

本工程凹槽处，通过设置拉梁，解决了凹凸不规则的问题。

楼板局部不连续：

本工程楼板开洞最长为9.55m，该方向楼板典型宽度为25.2m，开洞比率为37.9%，且开洞面积小于该层楼面面积的30%，因此不属于楼板局部不连续。

侧向刚度不规则性：根据Satwe和Pmsap计算试算结果判定，地上一层侧

向刚度与相邻上一层或相邻上三层刚度比小于70%和80%的要求；虽然局部出挑的水平向尺寸不大于4m和下部楼层水平尺寸的10%，但仍属于侧向刚度不规则。

竖向抗侧力构件不连续：

四层为转换层，属于竖向抗侧力构件不连续。

楼层承载力突变：

根据Satwe和Pmsap计算结果判定，抗侧力结构的层间受剪承载力不小于相邻上一楼层的80%，不属于楼层承载力突变。

根据以上检查，首先本工程为平面和竖向均不规则的结构体系，且多项不满足规范要求，属于特别不规则建筑。其次根据《高规》第5.1.14条规定，薄弱层地震作用标准值的地震剪力应乘以1.15的增大系数，本工程地上一层和转换层为薄弱层，故在抗震分析时，在程序中均指定地上一层和转换层为薄弱层。

性能设计：

本工程为超限审查工程，根据建设部建质［2006］220号文，超限工程"按超限的程度和薄弱部位，应明确为达到安全和预期性能目标的比规范、规程的规定更严格的针对性强的抗震措施"。本工程针对这一要求，对本工程转换层及转换层以下的落地剪力墙和框支柱采取中震不屈服的设防目标，按中震不屈服进行抗震设计。实现手段，将Satwe设计参数中，多遇地震影响系数最大值由0.16改为0.46，并点取中震不屈服设计，不指定薄弱层，落地剪力墙和框支柱配筋按此计算结果进行实配。

4．设计阶段存在的问题和解决方案

设计初期，转换层转换梁采用钢筋混凝土，其转换梁跨度大，截面抗剪很难满足设计要求，经手工反算，大概需

1400mm×3600mm的梁高，在满足建筑使用功能时，层高加高，框支层剪力墙厚度或数量会增加且也要调整转换层上部结构的墙厚，才能满足转换层上部结构和下部结构侧向刚度比及转换层与上层侧向刚度比的要求。对于采用型钢混凝土构件，可以解决跨度大、梁高受限的问题，通过结构试算，采用型钢混凝土梁也较为合理，型钢混凝土梁截面在1050mm×1800mm～1050mm×2200mm，截面有了明显缩小，从建筑使用到结构侧向刚度比方面都有了明显的改善。

框支剪力墙转换梁上一层墙体内存在边门洞，在中柱上方设开洞，经过与建筑专业多次协商，采用了框支柱上方的门洞仅在转换层上一层不设置，其他各层均设，框支梁上部的边门洞，通过设置翼墙来解决。并得到了超限审查专家组的通过。

转换层有设备管道穿行，若走在转换梁梁底，必然会影响建筑楼层净高，最终经各专业协商，在转换梁跨中，梁高中部，设置直径500mm的圆洞（见图4），用于管道穿行，不影响建筑净高。

转换梁梁柱节点按刚接考虑，钢筋混凝土框支柱难以完成转换梁内型钢的传力和锚固，故采取在转换层框支柱内设置十字形钢，完成框支梁梁内型钢力的传递和锚固（见图5）。

在性能设计中，经程序中震不屈服计算，框支柱不是纵筋很大就是配筋超限，若再增大截面，不仅减少建筑的使用面积，而且也不是经济、有效的措施；型钢混凝土构件用于高层建筑，具有提高结构承载力和延性的优势,柱中使用型钢后增加了柱的抗拉和抗弯、抗剪性能，保证了框架承担较大的倾覆力矩和剪力。因此认为按型钢混凝土柱设计较为合理，经计算，设置型钢的柱，其纵筋均为构造配置，且轴压比也明显降低，这说明构件的延性也有了很好改善。

框架梁与框支柱节点区，为了避免梁内纵筋穿过型钢翼缘，尽量减少型钢腹板纵筋的穿行数量，本工程采用在柱内型钢上设置工字钢短牛腿的形式（见图6），框架梁下部纵筋第一排遇型钢时，纵筋焊与短牛腿翼缘上，第二排在型钢腹板开孔穿行，对无法避开翼缘处，在翼缘焊套筒，采用套筒连接；上部纵筋，考虑到支座处弯矩大，通过焊与牛腿上的钢筋和型钢完成弯矩传递经验较少，我方给出了各种情况节点大样，宗旨是钢筋尽量贯通，减少被截断的钢筋数量，中部节点详见图7、图8。

框支柱在底层和顶层型钢内设置栓钉，转换梁内型钢在上翼缘设置栓钉，增强型钢与混凝土的粘结和抗滑移能

力。框支主梁承托剪力墙并承托转换次梁及其上剪力墙，框支主梁承担较大的剪力、扭矩和弯矩，受力复杂，本工程采用PKPM框支剪力墙有限元分析FEQ对框支主梁和框支剪力墙进行了应力分析，并按应力分析结果对框支主梁和框支剪力墙进行配筋校核。

5. 总结和思考

设计原则：

5.1 减少转换、传力直接；

5.2 强化下部、弱化上部；

5.3 优化转换结构、计算全面细致。

多重设计目标：

5.4 小震弹性：按CQC法采用两种不同计算软件进行多遇地震下的弹性分析，并采用弹性时程分析做补充验算；

5.5 大震不倒：按静力推覆法Push-over进行结构弹塑性分析，进行抗倒塌验算；

5.6 框支柱和框支剪力墙及转换梁按中震不屈服的性能要求进行设计.

多重设计手段：

5.7 对底部转换层构件－转换梁、框支墙的CQC法配筋结果，采用FEQ剪力墙应力分析软件进行配筋校核。

5.8 对钢骨混凝土构件，分别按《钢骨混凝土结构技术规程》（YB9082－2006）和《型钢混凝土组

图4 转换梁上设置设备管道洞口

图5 转换梁内型钢与柱内型钢安装节点

图6　楼层工字钢短牛腿

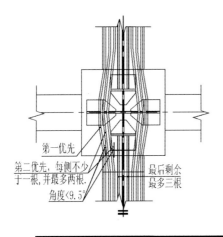

注：第二排和第三排纵筋布置同上。钢筋弯曲
角度应≤9.5°

图7　支座筋穿行示意图

第一优先

第二优先，每侧不少
于一根，并最多两根，
角度＜9.5°

最后剩余
最多三根

图8　构造型钢柱和转换梁内型钢

合结构技术规程》（JGJ138—2001）进行承载力验算。

5.9　对典型的转换主梁，手工导算竖向荷载作用下的梁内力，并按此结果进行配筋校核。

加强措施：

5.10　提高框支柱轴压比控制，均不大于0.5，小于规范要求的0.6。

5.11　提高底部加强区剪力墙最小配筋率，按最小配筋率为0.5%进行设计。

5.12　加强平面凹凸处竖向构件的配筋率和配箍率，加强平面凹凸处梁的配筋率和相应区域板采用双层双向配筋。

须待解决的问题：

5.13　框支梁上部纵筋贯通的数量和非贯通数量是否应规定一个限值。

5.14　根据《型钢混凝土组合结构技术规程》第9.2.1条规定，下部型钢混凝土柱中的型钢应向上延伸，但很多情况下难以实现，规程中未有明确的处理方法。

5.15　框支梁多数情况会有多排纵筋，如何更好解决多排钢筋穿型钢翼缘及纵筋的锚固和传递内力的问题。

真空热水锅炉的应用

王江铭

王江铭，高级工程师

1993年毕业于西北建筑工程学院暖通空调专业。

现任新疆玉点建筑设计研究院院长。

兼任的社会技术职务有新疆暖通空调学术委员会委员；新疆土木建筑学会委员、新疆维吾尔自治区消防局特聘技术专家，新疆蓝图审图中心特聘技术专家等职。

新疆地处严寒地区，冬季采暖期长，在建筑采暖设计中，热源的方案选择关系到一次投资及运行管理费用的大小而倍受关注。对于采用集中采暖系统的工业及民用建筑的热源，大多采用城市集中供热热源，热媒为高温水110℃~80℃，集中供热锅炉基本以燃煤锅炉房为主。由于城市建筑的迅猛发展，许多建筑的供暖及卫生热水供应无法靠集中供热满足，且新疆的大多数城市有天然气管网，这对建筑的供暖提供了较好的热源——燃气热水锅炉。冬季使用燃气热水锅炉目前采用较多的有承压热水锅炉、常压热水锅炉，真空热水锅炉，而真空热水锅炉由于其安全性及高效性而被广大用户所重视。

一、燃气（油）热水锅炉的比较

1. 承压热水锅炉

承压热水锅炉是在锅筒内装满水，通过炉膛直接燃烧加热形成热水。由于锅炉出水温度较高，一般承压锅炉的进出水温为95℃~70℃。锅炉压力为0.7~1.0Mpa，放在建筑内安全性较差。

2. 常压热水锅炉

常压热水锅炉是锅炉燃烧加热热媒水，而将换热盘管浸在热媒水中。热媒水升温后通过水—水换热作用原理加热盘管中的循环水。由于锅筒内的热媒水与大气相通，致使热媒水不断蒸发，须补充热媒水，使热媒水水质恶化。水—水换热盘管的表面容易结垢，从而降低换热效率。为了提高水—水换热效率，配用了内部循环泵强制热媒水流动，又增加了运行费用。

3. 真空热水锅炉

真空热水锅炉是利用负压状态下汽—水换热（真空凝结换热）而加热换热盘管中的循环水。热媒水在一密闭空间，处于蒸发和凝结的循环过程因而不会减少，水质较稳定。此外，由于汽—水换热使换热效率较高，而且是在负压状态运行，更安全可靠。

二、真空热水锅炉的特点

1. 安全可靠：由于真空锅炉始终在负压状态下运行，所以无膨胀爆炸的危险，使其具有了常压锅炉和承压锅炉所无法比拟的安全可靠性能。

2. 使用寿命长：由于真空锅炉使用了高纯度及特殊脱氧处理的热媒水，使其炉内不结垢，而且炉内保持高真空的无氧状态，大大降低了炉内腐蚀，机组出厂前一次性充入热媒水，由于热媒水是在一密闭的空间内重复蒸发及冷凝的循环，所以一般在使用寿命内不需要更换，大大方便了使用者，避免了复杂的锅炉保养工作，也使真空锅炉的使用寿命较一般常压热水锅炉长很多。据有关资料显示，常压热水锅炉一般为8~10年，而真空锅炉的使用寿命一般在15年以上。

3. 多重的安全保护，保证了真空锅炉运行的安全性。

4. 效率高：由于是汽—水换热，整个换热盘管被负压饱和蒸汽所包围，处于湿盘管的工作状态，换热效率大大高于水—水换热。所以真空锅炉的体积较小，效率较高，对于机房较小的场所更体现了优越性。而且由于汽—水换热也使其预热时间较短，节约了运行费用。

5. 由于真空锅炉特有的工作原理，使其具有了广泛的应用场合。

根据国家质量监督检疫总局在2002年5月所发的《国质检锅函〔2002〕288号》文件，其中第六条明确规定了真空相变锅炉的有关管理办法："真空相变锅炉因其介质流通的压力低于大气压，因而不会发生爆炸事故。制造企业应按标准制造真空锅炉，并且承担告知用户（含锅炉安装者）安全使用，保证使用时锅炉系统始终处于真空状态的法律责任。真空相变锅炉的安装单位对安装质量符合制造企业规定的安装要求负责。符合上述要求的真空相变锅炉安装后不必由质量技术监督行政部门锅炉压力容器安全监察机构进行确认，也不必办理使用登记注册手续。" 与此同时，对于承压及常压热水锅炉，技术质量监督部门仍有登记注册及年检的要求。由于真空热水锅炉不属于压力容器，使用真空热水锅炉可以免除登记注册及每年的年检，且其操作人员亦无必要持有锅炉工上岗证，这对于业主来说无疑是很方便及经济的，这也使真空热水锅炉的使用更为广阔了。真空热水锅炉在日本及韩国具有很大的市场，而且已经有很多年的历史。而我国西部丰富的油气资源必将会得到更为广泛的应用。

三、应用实例分析

由于真空锅炉具有节能、安全、使用寿命长、运行控制灵活等特点，在设计中积极采用。

1. 用于卫生热水供应

新能物资大厦位于乌鲁木齐市长春路，是一幢多功能综合楼。总建筑面积：36496.64m²，建筑高度为：76.80m。建筑功能有展厅、厨房、餐厅、会议厅、办公室、客房（共96间）等。客房为24小时卫生热水供应，由于锅炉房设在建筑地下室，本设计选用了一台1.4MW真空热水锅炉供整个大楼的卫生热水。经运行满足设计要求且控制简单节能效果良好，系统流程详见附图。

2. 用于空调及采暖系统

某建筑集办公、培训、住宿为一体的综合楼，冬季为地板辐射采暖系统，根据院内情况锅炉房设在本建筑地下室。经安全、技术、经济比较后，设计采用真空热水锅炉二台，由于真空锅炉采用自动控制，可根据负荷变化启停燃烧机，实际运行效果节能、稳定。系统流程详见附图。

3. 同时供应冬季采暖与热水供应

目前真空热水锅炉的有关资料均表示如再锅炉内加上一组换热盘管就可以同时提供采暖（或空调）供热及热水供应。但由于空调是连续运行，是一较为稳定的负荷，而热水供应是间断性供应，是一变化较大的负荷。为满足热水供应的运行，一般在炉内采暖循环水管上采用旁通的办法解决，当然应设置一定的控制装置，从而使空调循环水温度达到设计要求。系统流程详见附图。

四、真空锅炉应用探讨

真空热水锅炉出于采用负压蒸汽间接加热，所以换热器可以承受系统较高的水压力，可广泛应用于大中型高层建筑的采暖（空调）作为冬季热源，在改造项目中更具有一定的优势。因为不需要经技术监督局的审核及专业的锅炉操作工，给业主的使用及管理上带来很多的便利。

消防设计上的认可

目前消防建审部门对承压热水锅炉、常压热水锅炉和真空热水锅炉没有因为其工作压力不同和工作原理的不同而区别对待，依然是一视同仁。对此我们认为，由于真空热水锅炉工作原理的特殊性，其本体就类似于一个换热器、空气处理机或冷冻机组内的蒸发盘管，仅需对其燃料输送系统（贮油罐、日用油箱、输油管道系统或燃气输送管道系统）按照消防设计要求进行设计，而对于真空热水锅炉所在机房的位置，机房的设计要求，应予适当放宽现行标准。

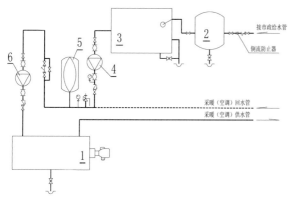

1.燃气（燃油）真空热水锅炉 2.软化装置 3.软化水箱 4.补给水泵 5.落地膨胀水箱 6.采暖循环泵

真空锅炉采暖系统原理图

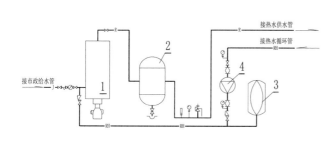

1.燃气（燃油）真空热水锅炉 2.热水储水罐 3.密闭式膨胀水罐 4.热水循环泵

热水系统原理图

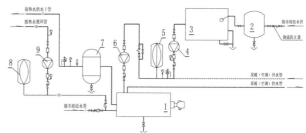

1.燃气（燃油）真空热水锅炉 2.软化装置 3.软化水箱 4.补给水泵 5.落地膨胀水箱 6.采暖循环泵
7.热水储水罐 8.密闭式膨胀水罐 9.生活热水循环泵

真空锅炉采暖及卫生热水（双出口）系统原理图

消防系统稳压泵流量的确定

苗劲蔚

苗劲蔚，1997年毕业于西安矿业学院，从事暖通空调、给排水设计，高级工程师。

在临时高压消防给水系统中，水箱或增压设施的设置是必不可少的。在现行的《建筑设计防火规范》(GB50016-2006)(以下简称《建规》)和《高层民用建筑设计防火规范》(GBJ50045-95)(以下简称《高规》)中对消防水箱的容积都有了规定，而对增压设施仅在《高规》中有了规定，我国现行《高规》对增压设施(其中包括稳压泵)有以下规定："7.4.8.1增压水泵的出水量，对消火栓给水系统不应大于5L/s，对自动喷水灭火系统不应大于1L/s。"参照新02S6系列给水排水标准设计图集中消防增压稳压装置部分（新02S6-61,62,63页）和国标图集98S205《消防增压稳压设备选用及安装》中所列增压稳压设备技术参数中的稳压泵流量，最近查阅了一些资料，对《高规》中这条增压水泵的出水量的规定有了进一步的认识，《高规》中这条增压水泵的出水量的规定是有前提的，并不是在任何情况、任何条件、任何时候增压水泵都按这个流量确定。

《高规》所指的增压水泵，既指增压用的增压泵，也指稳压用的稳压泵，规范条文未予以明确区分，稳压泵和增压泵，尽管都是增压设施一种，而实际上其作用和功能上有所区别，其流量值也不相同。

大家都知道，增压稳压装置包括一个隔膜式气压水罐和稳压泵，此时增压稳压装置用于自动喷水灭火系统和消火栓给水系统的压力稳定，使系统水压始终处于要求压力状态，一旦喷头或消火栓出水，稳压泵即能流出满足消防用水所需的水量和水压要求。整个消防系统的水量补充和压力保证是靠气压水罐来实施的，稳压泵的流量只需满足气压水罐对流量的要求，即稳压泵的流量应考虑气压水罐的调节容积的因素，应按气压给水设备罐内空气和水的总容积和罐内水的容积计算公式确定。隔膜式气压水罐内储存的是两支水枪30s的用水量（如果有喷淋，需要加上5个喷头30s的用水量），而稳压泵只是从消防水箱内吸水补入压力罐，它的流量只是能够满足5min内补足压力罐内稳压水容积的流量即可，那么450L的压力罐，只需要稳压泵的流量达到3m³/h即可。水泵出水量应为当罐内为平均压力时，不小于管网最大小时流量的1.2倍。水泵起到的是稳压作用，不是大家所想的一只水枪的出水量5L/s，或是一个喷头的流量1L/s。当压力罐内的压力值降低到一定值的时候，稳压泵就不再从消防水箱里取水，此时控制柜会传递报警信号并启动主泵，在主泵启动前，消防水箱承担了前10min的灭火水量，此短暂过程中，压力罐承担了最不利点消火栓或喷头的最低工作压力。

当系统选用"水泵+恒压变频控制"的无气压罐的结构形式时，系统最不利点压力依靠水泵低速运转来保证，此时水泵为增压泵，是为了保证在失火的情况下保证最不利点消火栓达到相应充实水柱高度或最不利喷头所需的最低工作压力，是工作在喷头和消火栓已经出水，而消防用水的水压不足，需增加水压时。因此对于无气压水罐配套设置时，增压泵的流量，应保证一个喷头或一个消火栓的出流量，水泵起增压作用，即按《高规》对增压设施(其中包括稳压泵)有以下规定：

"7.4.8.1增压水泵的出水量，对消火栓给水系统不应大于5L/s，对自动喷水灭火系统不应大于1L/s"选取。

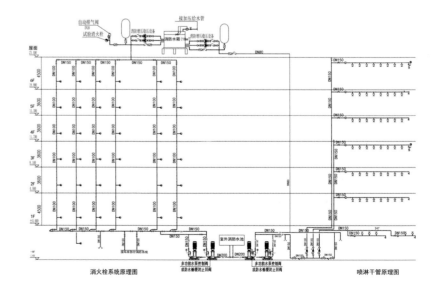

消火栓系统原理图　　　　　　　　　　　　　喷淋干管原理图

高层建筑正压送风及机械排烟设计的探讨

王丹

王丹，高级工程师

2002年毕业于长安大学环境工程系暖通空调专业。

从事暖通空调及给排水设计工作。

随着经济的发展及城市规模的不断扩大，高层建筑的设计越来越多，而高层建筑正压送风及机械排烟设计虽有《高层民用建筑设计防火规范》(GB50045-95)的要求，（以下简称《高规》）但实际设计中仍有许多细节问题规范中未作明确的规定，现就设计中常遇到的几个问题谈谈个人观点，希望同行指教，以便使今后的工程设计更趋合理。

一、加压送风设计的问题

《高规》中规定，不具备自然排烟条件的防烟楼梯间，消防电梯间前室或合用前室，以及建筑高度超过50m的一类公共建筑和建筑高度超过100m的居住建筑即使有自然排烟条件，而由于建筑本身的密闭性或热压作用等因素的影响，而使自然排烟达不到排烟的目的，也应设计机械排烟。加压送风作为一种行之有效的排烟方式，在国内外建筑中被广泛接受与采用，而在进行工程设计时，首先遇到的是如何确定与设计计算密切相关的一些因素：如火灾疏散时开启门的层数与数量、楼梯间与前室

（合用前室）应保持的余压值，以及前室（合用前室）加压送风口的形式等，只有这些因素确定后，才能进行系统的设计计算，而目前这些因素的确定《高规》中没有明确的规定，只给出了机械加压送风量的参考值表，而实际工程的设计计算结果却偏差较大。设计施工完成后又没有进行实测，能否达到规范要求的余压值？通过近几年来对高层建筑设计实践及对这些问题的不断认识，结合国内外工程设计资料，对加压送风量、余压值，以及送风口形式等的计算提出个人看法供讨论。

1. 开启门的数量

《实用供热空调设计手册》对送风量计算时，对于开启门楼层数要求二层，而其他一些资料上却有不同意见，下面是较普遍的看法：

建筑物楼层数	开启门层数
小于15层	1
16~20层	2
21~32层	3
大于32层	分段设计

而实际对于火灾时同时开门层数的确定，应更多考虑火灾时的疏散要求。高层建筑着火虽然一般仅发生在某一层，但着火层及其相邻层的人员由于受火灾威胁较大，故均须开门疏散，这种疏散与建筑物总层数并无太大关系。故本人认为设计计算时风量及风口按3层开门计算更符合实际情况与防火疏散要求。

2. 加压送风楼梯间及前室保证的余压值

查阅许多国内及国外的防火规范，都有一致的加压要求，在火灾时应保证：楼梯间压力>前室压力>走廊或室内压力。

保证最小余压值，是为了火灾时人员进行疏散，防火门一旦打开，楼梯间

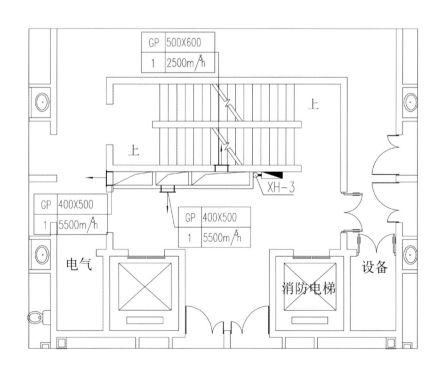

及开门前室的压力将瞬时下降，为了防止烟气侵入，要保持门洞处具有一定的反吹风速所应有的最小压力差值。《高规》对防烟的规定仅指出应保持正压，楼梯间的压力应略高于前室压力。即防烟楼梯间余压值为50Pa，前室、合用前室、消防电梯间前室为25Pa。要保证上述正压值应进行合理的计算，而不应任意选择风机的风量及风压。否则，不但起不到防火疏散要求，反而会适得其反。

3. 加压送风口的形式

《高规》中规定楼梯间送风口宜每隔2~3层设一个加压送风口；前室的加压送风口应每层设一个。而对送风口的形式，则有不同的选择与做法。由于楼梯间为上下贯通，送风口一般为常开百叶送风口，可为单层百叶也可为双层百叶，而双层百叶对送风量的调节与平衡更为有利些。风口尺寸按楼梯间送风量及风口数量计算，但要控制送风风速不应大于7m/s。风口与风机控制形式为：当某层发生火警时，由消防控制中心自动(或手动)起动对应的加压送风机，对楼梯间进行加压送风。而前室的送风口形式则有不同，一般做法：选择常闭式送风口，每层设一个送风口，均设有手动及电动开启装置，电动开关与送风机连锁，平时处于常闭状态，当某层发生火灾时烟(温)感元件发出信号给消防控制中心，经确认后自动(或手动)开启本层及上、下一层电动送风阀，并起动加压送风机。此方式应对风机与风口联动作日常维护，否则火灾时会影响使用。

4. 送风量计算

上述各项确定后就可计算送风量，常用方法为：压差法及门洞风速法，《高规》中均有详细介绍，按此方法计算结果同《高规》第8.3节中规定相应的送风量，相比较取两值中的较大值确定送风量来选择风机。对于高层建筑正压

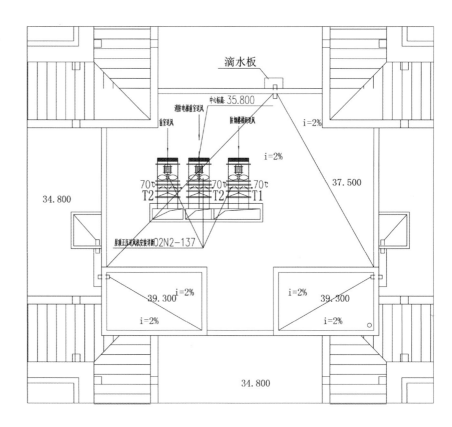

送风的设计计算，规范中有许多不明白处，而设计完成后工程又无实测检验，故是否合理有待于针对不同的工程进行检查才知道。

二、机械排烟设计的问题

1. 排烟、送风方式确定

《高规》中规定设计有机械排烟系统的地下室应设有机械送风系统，且送风量不宜小于排烟量的50%。而常遇到高层公共建筑设有无窗多功能厅的房间，对于这种情况设计了机械排烟系统，是否设计机械进风系统？规范未作规定。对于面积较大的房间排烟量也很大，仅靠走廊门窗缝隙补风是达不到要求的，而且着火房间的门必须处于敞开状态才能排烟。否则房间负压过大，排烟量大大减少，不能很快将烟气排除。在火灾初期烟气对人体的危害最大，故对于较大的地上无窗房间，设机械排烟的同时应设机械进风系统为宜。且进风系统风管上设70度防火阀。对于设有通

风空调的建筑其排烟系统应单独设立较好。这样防排烟系统的控制较简单。

2. 排烟口数量及排烟量计算

排烟系统中设计排烟口及排烟阀数量，在满足规范的前提下应尽可能少，以减少控制点，使自控系统简单经济。但要满足排烟口距最远点距离不大于30m。排烟量的计算时除应满足每个防烟分区的排烟量60m³/h外，对于走廊排烟还应考虑与走廊相邻的其他无窗房间的排烟量。这在设计中经常被忽视，使排烟口及排烟量选小，达不到防火要求。对于负担两个以上防烟分区时，排烟风机的排烟量按最大一个防烟分区120m³/h计算，而每个防烟分区的排烟量仍按60m³/h计算来选择排烟口。这在设计时也常被混淆。对于设有排烟系统的地下室应按防火分区来设置独立的风机，以减小排烟风机及风道断面，从而提高建筑空间。

电热采暖工程电气设计

李刚

李刚，提高待遇高级工程师、注册电气工程师、注册监理工程师、注册咨询工程师。

1991年毕业于西北轻工业学院电气技术专业。现任新疆玉点建筑设计研究院电气总工程师。

兼任的社会技术职务：新疆建筑电气学术委员会委员、新疆建筑电气情报网理事、新疆土木建筑学会委员、新疆照明专业学术委员会委员、新疆维吾尔自治区消防局特聘技术专家、新疆蓝图审图中心特聘技术专家、乌鲁木齐市建设委员会特聘技术专家、新疆维吾尔自治区及乌鲁木齐市建设工程交易中心专家等职。

民主党派中国民主建国会成员。

引言

发热电缆技术2000年左右进入我国，在我国华北、东北、西北等采暖地区已经在部分工程项目采用，在南方非采暖地区有些高档住宅卫生间也有部分采用。新疆乌鲁木齐等地区电力供应充足，因燃煤采暖造成市区空气污染严重，自治区发改委通过优惠政策鼓励建筑工程采用电热采暖，改善市区大气环境，并甄选部分项目进行试点示范。2008年乌鲁木齐市建委成立了电热采暖专家技术委员会，对试点项目进行经济技术、工程设计，施工质量、运行效果等方面做研究和论证，为政府决策提供咨询。笔者被聘为电气专业的专家参与其中部分试点项目的研究工作，通过调查研究和工程实践经验，对电热采暖工程电气设计做初步探讨。

1. 负荷计算

建筑工程电热采暖电功率一般根据暖通供热需要配置，考虑工程所在地的气候条件及建筑物节能保温性能的影响，通过采暖热负荷计算确定发热电缆的功率。按目前住房和城乡建设部规定的民用住宅达到建筑物节能65%，公用建筑达到50%标准的要求，在保温性能较好的情况下，新疆乌鲁木齐地区建筑工程电热采暖电功率一般安装功率为50~70W/m²，一般选择发热电缆规格17~18W/m。提高安装功率会提高室温提升速度和维持较宽的温度控制区间，满足不同的人的需求和舒适度，但会增加电网的初始投资；安装功率偏低则相反；针对不同的建筑和用户应做适当调整。项目的总负荷还应考虑夏季空调与冬季电采暖负荷错季使用的因素进行折减。

建筑工程电热采暖计算电功率应采用需要系数法。目前国内电热采暖尚属新型采暖方式，投入运行的项目不多，运行周期较短，电气运行数据和规律也少见分析和总结，笔者参与调研的项目的部分数据供读者参考。例如新疆乌鲁木齐市某大学学生公寓楼，建筑面积6247m²，砖混结构，地上6层，有学生宿舍168间。项目全部面积采用电热采暖系统，有每间宿舍设温控器，共168个，采用计算机网络集中控制系统将温控器联网控制，电热采暖设计单位安装电功率60W/m²。经过2008年采暖期的运行测试，在最寒冷的1月，月平均温度−10℃，室内平均温度2℃，实测三相电流为300~350A，采暖运行电功率最高约230kW，单位功率27 W/m²。实际需要系数约为0.45，设计需要系数约为0.8，明显偏高。通过测试还发现室内温度同运行功率相关性明显，控制的温度高，则电流上升明显。对本系统，在室温16~20℃之间，相同环境条件下，控制室内温度每升高1℃，会使日均耗电量增加7%~10%。室外环境温度同运行功率相关性更为明显，室外环境温度每降低1℃，会使耗电量增加约10%。也就是暖冬或寒冬会对发热电缆地面辐射供暖的运行功率起很大影响。

我们发现某些项目变压器仍然设计无功补偿装置，其实发热电缆属纯电阻线性负载，功率因数接近于1，发热电缆供电的专用变压器不需进行无功补偿。

2. 供配电系统

由于新疆乌鲁木齐市等地区电热采暖配套设施享受政府特殊补贴，包括高压专线、变压器、低压电线、配电盘、分户计量装置等配套设施，投入运行后还将享受电价政策优惠，考虑投资核算和计费因素，电暖用电生活用电系统应该分开。在不享受政策优惠的地区，由于建筑工程电热采暖功率一般大于建筑其他用电的总和，电暖用电生活用电系统也应该分开，只有负荷较小时，可以将采暖和生活用电负荷统一考虑。既有建筑改用电热采暖系统时，考虑用电负荷增容较大，电暖用电生活用电系统应该独立设置。

电热采暖系统的配电方式可参照照明系统规定。建筑物内电热采暖系统的配电系统供电电压选择，按照《地面辐射供暖技术规程》（JGJ142-2004）规定供电负荷大于12kW宜采用220/380V三相线制供电。参照《民用建筑电气设计规范》(JGJ16-2008)第10.7.8条关于照明回路单相配电电流不宜大于16A的规定，电热采暖每个单相配电分支回路用电负荷也不宜超过3kW。

电热采暖系统分支回路一般为单相配电，因此在相序分配一定要保持均衡，最大相负荷电流不宜超过平均值的115%，最小相负荷电流不宜小于平均值的85%。

我们还发现某项目设计图看来三相平衡，但由于计算机网络集中控制系统分时分区运行，编程没有注意相序组合，造成运行时存在较大偏差。

电热采暖系统的配电线路应设过载和短路保护。是否设漏电保护装置存在不同看法，发热电缆属于固定连接电器，与家用电器或插座回路也有不同之处，不属于《民用建筑电气设计规范》(JGJ16-2008)第7.7.10条对应设置剩余漏电动作保护装置的六种设备，有的专家认为发热电缆属于双重绝缘水平的 II 类电气设备，可以不设剩余漏电动作保护装置，某些地方规程也规定不设剩余漏电动作保护装置。但是我们认为发热电缆机械强度不高，而且敷设在地面中长达数十年，存在因装修或改造机械损坏

而造成漏电的风险，因此应设置剩余漏电动作保护装置。30mA剩余漏电动作保护装置用作接地故障保护，具有很高的灵敏度，可以大大提高用电安全水平。

我们所考察的大部分国内外发热电缆产品均有PE线，其中大部分采用的是金属铝箔绕屏蔽线兼做PE线。《地面辐射供暖技术规程》（JGJ142-2004）第3.10.6条规定，发热电缆的PE线必须与电源的PE线连接，此条为强制性条文。

电热采暖系统的电能计量方式各地做法不同。在新疆乌鲁木齐市等享受电价政策优惠地区，住宅电热采暖系统每户设专用配电箱，并设复费率电表，可以按时段以不同的优惠电价计费，公共建筑可以设一个复费率总电表。在不享受电价政策优惠地区采用普通电能计量方式。

3. 电气设备的安装

电热采暖系统配电箱与照明配电箱安装方式相同，温控器安装与灯开关安装方式及高度也相同。但应注意温控器须设置在能准确反映室温的位置，检查发现有的项目安装的温控器可能受阳光直射，或周围有散热物遮挡物，有的安装在较冷的山墙上，这样会影响温控器的准确和使用。

4. 电热采暖的控制

电热采暖控制采用温控器利于电能的节约，每个房间配置可编程数字温控器，可单独控制温度和时间，大大地节约了电能；办公楼公寓楼等项目宜采用计算机网络集中控制系统，可以采集每个温控器的数据并进行编程控制，进一步提高管理和节能水平。

电热采暖系统每个温控回路由一个断路器和一个温控器控制，每个房间至少设一个温控回路。一般每个温控器只能控制单相16A以下的回路，对大房

间电热采暖负荷需要三相供电时，宜采用温控器与交流接触器配套控制。公共建筑每个楼层或采暖区域，可设分配电箱，每个分配电箱控制的温控回路不宜超过20个，配电箱与温控器之间的线路不宜超过30m。

5. 电气施工与验收

发热电缆安装应测试每一个回路的电阻，确保系统无短路、断路现象。检验标准为测试每一个回路的标称电阻和绝缘电阻，并应符合产品规定和《建筑电气工程施工质量验收规范》（GB50303-2002）中的相关规定，可使用500V摇表检测发热电缆的绝缘电阻，阻值小于2MΩ。

发热电缆系统施工结束并检验合格后，可以进行送电检验，并用红外温度测控仪测试，确保系统工作正常。控制系统按温控器说明或计算机网络集中控制系统要求进行调试。

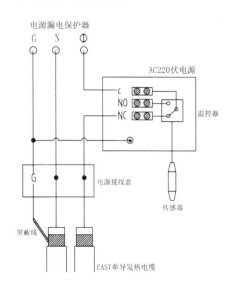

6. 结语

新疆乌鲁木齐等地区近年通过推广电热采暖技术，取得一定得数据和经验，市建委也正在组织编写电热采暖的地方技术规程，进一步总结经验和规范电热采暖技术，希望和全国其他地方的同行进行进一步交流。

疏散引导信息化研究

李刚

引言

目前建筑楼宇内的应急疏散标志灯具大部分以单体形式存在，独立型应急标志灯由于其本身电器上的特性，在维护上存在着滞后现象，火灾发生时，会造成由设备故障引起的逃生疏散盲区。现代建筑的高层化、大型化、多功能化及复杂化，使人们的日常行走中也需借助于标志指示灯或是指示牌，毋庸说在火灾发生时的混乱局面。

建筑的大型化、多功能化以及地下空间的开发利用对疏散应急指示提出了更高的要求。近年来出现了许多大型建筑物疏散路径较长、复杂，造成人员疏散行动延迟，疏散时间过长；而火灾烟气在大空间区域蔓延较快，导致火灾危险性增大，给人员安全疏散带来了一定困难。

本文针对疏散灯具在应用中的问题，提出相应的解决方案，并论述其应用的优势和必要性。

1. 传统疏散灯具在大型建筑物中应用存在的隐患

1.1 维护问题

独立型应急标志灯（传统应急标志灯）为单体工作方式，在工程使用时，只需提供工作电源，点亮方向指示光源即可，灯具不具备自动检测故障功能，一旦启用，其维护须完全依赖人力，而且是长期维护。

大型建筑须采用的应急标志灯数量较大，根据统计每1万m^2约需安装100套灯具，依靠人力检查每一套灯具工作状态，工作量非常大，而且存在人为的误差，难以界定合理的人力巡查周期和频率。

应急标志灯故障一般集中于以下几方面：光源、应急转换功能、电池应急时间。

消防应急灯具国家标准《GB17045 2000》第5.1.3条规定消防应急标志灯亮度应在15~300cd／m^2之间。通过人力检查光源耗时耗力，管理困难，很多建筑物的人工检查流于形式。

俗话说"养兵千日、用在一时"，消防应急标志灯即是在火灾等紧急情况下为受困者指明逃生之路，灯具的应急转换功能是否正常是其能否发挥作用的重要环节，而这一功能的检查，须将所有灯具切断电源，观察其是否能转入应急，在实际工程应用过程中操作困难。

《高层民用建筑设计防火规范》GB 50045-95（2005年版）第9.2.6规定：疏散指示标志，可采用蓄电池作备用电源，且连续供电时间不应少于20min；高度超过100m的高层建筑连续供电时间不应少于30min。蓄电池为消耗品，电池容量随着使用时间下降，检测电池容量是否满足灯具应急时间要求将所有灯具转入电池供电，统计其应急时间，这种检测方式不具操作性，目前一般建筑物很难做到。

综上所述，独立型应急标志灯存在维护上的先天不足，使用时存在安全隐患，这是目前独立型应急标志灯应用面临的最大问题。

1.2 疏散引导问题

独立型标志灯无法改变疏散方向，只能实现就近指引，不能根据周围火灾情况对疏散方向做出能动的调整。独立型标志灯的疏散引导是孤岛行为，无法和周围设施和环境有机融合，也无法根据环境做出合理的疏散方向指引。

目前公共建筑物大型化、复杂化、多功能化的发展趋势对疏散应急标志灯提出越来越高的要求。从全国各地兴建的大型枢纽中心到大城市地下空间的大量开发，使得一些建筑物成了公共项目的典范，也是人流聚集集中的场所。此类大型建筑在目前现行规范中已经很难找到具有行业指导性的规范、标准，超规范建筑大量出现了，而作为这一行业的专业人士，必须找到行之有效的解决方案。如何应对突发事件（火灾、恐怖事件、人群恐慌）下有效、合理的疏散人群，是目前疏散诱导领域面临的新课题。

要满足大型公共场所的应用环境，采用智能集中控制型疏散逃生系统是必然选择。

2. 智能疏散逃生系统

智能疏散逃生系统解决了独立型应急标志灯具维护难、疏散应用局限大的问题，可以为大型建筑提供了完善的疏散诱导解决方案。

智能型系统内各种设备自身具备故障主报功能，能实时检测自身故障状态，主机显示屏上能定性系统内故障类型、定位故障点；主机检测系统内设备通信线路故障，主机自身故障，声光报警提醒工作人员及时检修、维护，显著提高设备的可靠性。

疏散逃生系统采用不同功能的消防疏散指示标志灯，结合频闪、语音、双向可调型、视觉连续型标志灯等，从逃生人员的视觉、听觉等感观上进行引导标志的加强，有利于逃生人员火场逃生。系统和FAS系统联动，通过FAS的火灾信息选择相应的火灾联动预案，调整建筑物内疏散灯具的疏散引导方向，引导人员"安全、准确、迅速"逃离火灾区域。

2.1 系统元素

系统以控制主机为核心，通过通信系统，将系统内所有的应急标志灯具集中管理监控。同时和FAS系统联动，将现场疏散指示灯具的指示方向和实际环境结合，实现避烟、避险动态逃生，以应对大型公共建筑物人流大、通道复杂等因素。

集中控制型消防应急灯具主机设置于消防控制中心。具有图形化显示界面，显示系统中所有设备的工作状态。声光报警设备故障和FAS系统联动，执行联动预案，实现避烟、避险逃生。

语音出口标志灯设置于疏散通道末端出口处。具有语音播放功能，可根据使用环境附之以不同语种的提示音。具有频闪功能，增强火灾中对烟雾的穿透力，实现避烟、避险疏散。

双向可调标志灯设置于疏散走道内。具有远程控制指示方向调整功能，根据火灾烟雾蔓延走势，动态调整疏散指示路径，实现避烟、避险疏散。同时具有频闪功能。

地面导向光流灯设置于人流密集的主干道内。应急启动时，形成稳定向前滚动的光带，是保持视觉连续的疏散指示标志，同时具有调整方向功能，应用时，设置间距为0.5~1.5m之间。

2.2 信息化维护

系统对设备的工作状态进行严格监控，实时主报工作状态。对较容易出现设备故障的环节进行实时不间断巡检：自动主报灯具光源故障；自动主报灯具电压异常；定期检测应急转换功能；定期检测电池容量。

系统具备整体功能监测，系统具备通信自检功能，监测系统内部每一回路的通信线路。

智能疏散逃生系统内个组建具备完善的自我巡检工作状态的功能，主机实时声光报警显示故障类型、定位故障点，确保系统能刻运行在正常状态。

该系统通过将人的工作机器化，经济、可靠、安全，消除了火灾发生时由产品故障引发的疏散盲区。

2.3 信息化疏散

智能疏散逃生系统和消防报警系统联动，获知火警信息，选择、执行相应的联动预案。

系统完成了从以往消防应急灯"就近指引"的原则到智能疏散逃生系统"安全指引疏散"的原则，实现火灾现场人员"更安全、更准确、更迅速"地逃离火灾现场。

1）安全

系统将"就近引导"的方式改变为"安全引导"的方式，使系统内的消防应急灯不再是封闭的、相互独立的单体，疏散路径的确定依据为消防报警设备的火警信息或其他相关火灾信息。疏散引导的行为也不再是孤岛行为。根据火灾信息确定疏散的路径，保证疏散的安全性。

系统的疏散原则是：获知火警情况后，引导人员"避烟逃生"。

通过这种模式将疏散标志灯的路径和现场的火灾情况结合起来，以此做到疏散路径有据可查，确保"安全"逃生。

2）准确

系统引入了高位出口语音、低位疏散照明和双向可调、地面墙面连续型导向光流等标志灯，逐步引导人们撤离火灾现场，根据正确的火灾现场信息，对各种灯具做统一调控，达到疏散指示方向一致性，此外，系统的日常维护功能也避免了因产品故障、设置灯具不合适等引起的指引冲突和指引盲区。

3）迅速

人在火灾中的行为是在复杂的迅速变化的环境条件下，由人的生理反应和涉及自然存在状态心理因素所决定的活动。发生火灾时，受灾人员的行为有明显的共同性，即向光性、盲从性。向光性指在黑暗中，尤其在辨不清方向时，只要有一丝光亮，人们就会迫不及待地向光亮处走去。盲从性指在火灾发生、事件突变、生命受到威胁时，人们往往由于过分紧张，恐慌而失去正确的理解和判断能力，只要有人一声召唤，跑几步就会导致不少人跟随，这对正常疏散是不利的。

系统灯引入了频闪、语音、连续光带的概念，通过感观上的刺激，减少受灾人员的恐慌心理，有利于人群有序、一致地以一定速度向前逃生。

3.系统在大空间建筑中的应用探讨

适用智能疏散系统的场所有：交通枢纽、大型商场、体育场馆、剧场、会展中心、大型医院、地下空间等。国家尚未出台智能疏散逃生系统相关设计规范，但目前疏散逃生系统已在全国一些大型重要建筑中有了广泛应用。系统中典型功能疏

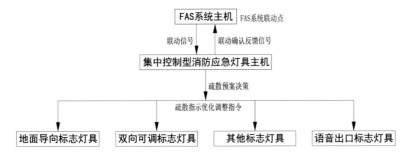

图1 联动原理图

散灯具的设置具有以下特点:

1)语音出口标志灯:设置于防火分区末端出口处。

图2 语音标志灯设置

2)双向可调标志灯:设置于通道内,嵌墙安装。

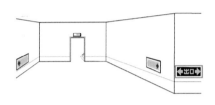

图3 双向可调标志灯设置

3)地面标志灯:设置于大空间通道内,间距地上20m,地下10m。

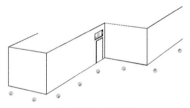

图4 地面标志灯设置

4)地面导向光流灯

地面导向光流灯的应用有两种方式:

a)完全配置:对人员密集的场所通道内,以0.5m间距设置导向光流灯。

b)局部配置:在通道口、交叉路口设置导向光流标志灯,灯具间距为0.5m。

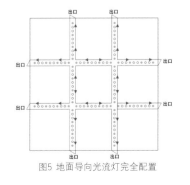

图5 地面导向光流灯完全配置

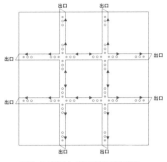

图6 地面导向光流灯局部配置

5)采用自带电源型灯具的系统,其系统的安全型高,一旦发生火灾,不受水喷淋等影响。而采用集中电源时,终端灯具在选型时应采用防水防护等级较高的设备,以避免因灭火而引起的线路问题,致使灯具无法工作。

4. 智能应急疏散系统典型案例探讨

由我院设计的乌鲁木齐经济开发区某大型综合楼,建筑面积约8万m²,地下2层, 地上17层,框架剪力墙结构,属一类高层建筑。

4.1 主机设置

系统采用一台中央主机,设在中央消防控制中心,八台区域控制器分机。中央主机和区域控制器分机之间通过物理链路组成通信路由。

1)中央主机和分站主机之间采用独立局域网通信。

2)中央主机以星形结构拓扑分站主机,主机之间以通信线相连。主机控制系统界面上能显示与其各自相连的主机的通信线之间的通信状态(通信故障、通信正常)。

3)主机一经开启,系统控制平台启动后,逐级之间就开始通信。

4)中央主机集中监控各分站主机工作状态,分站主机消防联动控制优先级高于中央主机。

5)消防报警联动信号集中接入中央主机中。通过中央主机向分站主机传递火灾联动信号。

4.2 灯具设置

1)语音出口标志灯

设置于防火分区末端出口处,平时光源常亮,火灾联动时,通过指令控制启动灯具的频闪功能和语音提示功能。

按不同的出口环境选择不同的语音灯具,如透明玻璃型、铝质型。

2)双向可调墙面标志灯

设置于通道内,平时光源常亮,火灾联动时,通过指令控制启动灯具的频闪功能和指示方向。低位安装时采用超薄型灯具,高位可采用吊装、吸顶安装方式。

4.3 联动疏散成效

采用协议联动方式,读取FAS系统所有通道内的烟感、温感探头信息,以每个探头作为联动预案触发信号。一旦火警确定,以灾情点作为分界线,以灾害中心向外辐射疏散。

疏散预案执行时间小于5s,在联动的第一时间通过现场的疏散灯具指挥逃生人员安全、准确、迅速疏散,智能疏散系统的应用完善解决了机场大空间面临的疏散难题。

5. 结论

目前智能疏散逃生系统已经在国内的众多大型重点项目中投入使用,并收到了良好的效果,也是疏散技术的发展方向。当然,智能疏散逃生系统的使用目前还未形成系统化的指导手册,如何正确理解和应用疏散逃生系统正是我们下阶段应当研究探索的问题。

《建筑物防雷设计规范》GB 50057-2010探讨

李刚　张健

张健，高级工程师，注册电气工程师。

1998年毕业于西北建筑工程学院，机电工程系电气技术专业。机电分院院长、分院电气总工。

《建筑物防雷设计规范》GB50057-2010自2010年11月3日发布，自2011年10月1日起实行，在设计审查工作实践过程中，我们发现在新规范中个别条文存在逻辑表述混乱、用词不当之处，造成设计人员使用同一规范条文产生不同的理解和歧义，同类的工程项目采用多种不同技术措施，审查部门意见也难以评判服众。下面就此新规范中争议比较大的第4.3.1、4.3.3、4.3.9.2、5.3.8条条文探讨。

第4.3.1条"第二类防雷建筑物外部防雷的措施，宜采用装设在建筑物上接闪网、接闪带或接闪杆，也可采用由接闪网、接闪带或接闪杆混合组成的接闪器。接闪网、接闪带应按本规范附录B的规定沿屋角、屋脊、屋檐、檐角等易受雷击的部位敷设，并应在整个屋面组成不大于10m×10m或12m×8m的网格；当建筑超过45m时，首先沿屋顶周边敷设接闪带，接闪带应设在外墙外表面或屋檐边垂直面上，也可设在外墙外表面或屋檐边垂直面外，接闪器之间应该互相连接。"此条内容存在专业用词不当，逻辑语法欠妥之处，难以理解，容易混淆。分解说明如下，第一，"当建筑超过45m时，首先沿屋顶周边敷设接闪带"，这句话采用"首先"词语存在逻辑不严密之处，因为汉语"首先"之后应接"其次"的内容，此句首先以下没有其次的内容，存在后文对于前文重点要求的混淆。不管什么建筑，包括超过45m的建筑，首先应该采取的是前文和条文解释所述的避雷网格，其次才是当建筑超过45m时采取的沿屋顶周边敷设接闪带等其他相应措施。

第二，下文"沿屋顶周边敷设接闪带"，这里所说的"屋顶周边"具体含义众说纷纭，本人特地请教建筑专家，也难以界定，有人理解成为从45m开始向上算周边，但又与4.3.9.2条防侧击的措施内容混为一谈；也有人理解成为仅沿屋檐或女儿墙一圈，本人觉得这样理解可能更符合规范编制意图，但是周边的范围大小含糊不清，难以操作（如图一）。

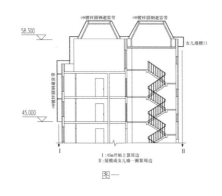

图一

第三，再看下文"接闪带应设在外墙外表面或屋檐边的垂直面上，也可设在外墙外表面或屋檐边的垂直面外，"这两句就更糊涂了，请教建筑专业说不清楚所指是哪里，中文语言专业也不理解其文字含义。从字面看这两句只有"应"和"也"；"上"和"外"的区别，但是"应"和"也"不应该并列选择，"应"做的内容就不能"也"行。至于"上"和"外"；则"上"属于"外"，"外"也包括"上"，不知所云。而且还有两种解读法，"上"和"外"分别是定义"外墙外表面或屋檐边"两者还是其中之后者，也是难解的语法问题（如图二）。第四，最后一句"接闪器之间应该互相连接。"也不知所指，如何连接。这些疑问条文解释里没有说明，也缺少图示，目前很多设计措施混乱，也难以审查和验收。

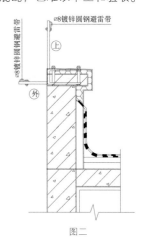

图二

第4.3.3条"专设引下线不应少于2根，并应沿建筑物四周和内庭院四周均匀对称布置，其间距沿周长计算不应大于18m。当建筑物的跨度较大，无法在跨距中间设引下线时，应在跨距两端设引下线并减小其他引下线的间距，专设引下线的平均间距不应大于18m。"单独看此条文本身和条文解释并无不妥之处，关键是此条文没有没有设置什么情况下适用或采用的前提，容易产生误读，使一些设计审查技术人员错误理解成为所有建筑工程普遍采用的措施，尤其是此条为强制性条文，一些设计人员害怕违反强条，不管什么情况都要求专设引下线，甚至在建筑物已经利用建筑物的钢筋作为引下线情况下，还要求专设引下线，目前已经出现错误的设计和审查结论。4.3.3条应加入不具备利用建筑物钢肋混凝土屋顶、梁、柱、基础内的钢筋作为引下线的条件时，必须设专设引下线的前提，方才完整；并与4.3.5条形成相互参照的逻辑关系，可以充分说明什么情况下宜利用钢筋做引下线，什么情况下专设引下线以及如何设置。条文应改为"不具备4.3.5所述的利用建筑物的钢筋作为引下线的条件时，必须设专设引下线，专设引下线不应少于2根，并应沿建筑物四周和内庭院均匀对称布置，其间距沿周长计算不应大于18m。当建筑物的跨度较大，无法在跨距中间设引下线时，应在跨距两端引下线并减小其他引下线的间距，专设引下线的平均间距不应大于18m。"。第4.3.3条应该安排在第4.3.5条之后，因为目前大部分建筑都符合利用建筑物钢筋做引下线的条件，按照普遍性在前特殊性在后的排布顺序。

第4.3.9.2"高于60m的建筑物，其上部占高度20%并超过60m的部位应防侧击，"这里所指的"上部占高度20%并超过60m的部位"首次出现，上部占高度20%指的是什么高度，用词定义不详，产生两种理解，一种是建筑物总高度（如图三、图四Ⅰ方式），另一种是上部超过60m部分的高度（如图三、图四Ⅱ方式）。本人理解规范所指含义应该为图三Ⅰ方式，规范用词"其上部占高度20%"如果改为"其上部占建筑物总高度20%"会好理解一些，或全句改为"高于60m的建筑物，自屋顶向下占建筑物总高度20%并超过60m的部位应防侧击，"更加简单易懂。此条

文应该有相应的条文解释并举例说明，最好有一个简单的计算公式，假设建筑物高度为a（a>60m），应防侧击的部位起始高度为b（当b计算值小于60m时，自60m起设防），则b=a-a×20%（如图三、图四Ⅰ方式）；举例如下，

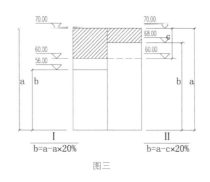

图三

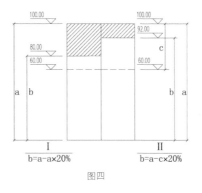

图四

假设建筑物高度为70m，应防侧击的部位起始高度b=70-70×20%=56 m，计算结果小于60m，应防侧击的部位起始高度按60m，如图三Ⅰ方式；假设建筑物高度为100m，应防侧击的部位起始高度b=100-100×20%=80m（如图四Ⅰ方式）；假设高度为200m的建筑物，应防侧击的部位起始高度b=200-200×20%=160m。

第5.3.8条"第二类防雷建筑物或第三类防雷建筑物为钢结构或钢筋混凝土建筑物时，在其钢结构或钢筋之间的连接满足本规范规定并利用其作为引下线的条件下，当其垂直支柱均起到引下线的作用时，可不要求满足专设引下线之间的间距"。此条产生歧义的关键词是最后一句里的"专设"二字，在其钢结

构或钢筋之间的连接满足本规范规定并利用其作为引下线的条件下，已经没必要专设引下线了，又谈何间距呢。如果是此条是针对间距的要求，就不应该保留"专设"二字，条文应改为"第二类防雷建筑物或第三类防雷建筑物为钢结构或钢筋混凝土建筑物时，在其钢结构或钢筋之间的连接满足本规范规定并利用其作为引下线的条件下，当其垂直支柱均起到引下线的作用时，可不要求满足(此处取消'专设'二字)引下线之间的间距"，这样可能更符合规范编制意图，另外此条不考虑引下线间距的要求与上一版规范要求有较大变化，以二类防雷建筑为例上版规范第3.3.3条对利用钢柱及柱子钢筋作为引下线时要求平均间距不应大于18m，在其条文解释中为以法拉第笼为基本观点网格尺寸和引下线间距越小越好，同时根据实践经验和实际需求增加了间距18m的要求，而新版规范中第5.3.8条在其条文解释中采用了与上一版规范相同的观点，但得出的不用要求考虑间距的要求，让人在执行规范时不能理解其原理，没有把握，由此新版规范的执行并未取得相应效果。

规范4.4第三类防雷建筑物的防雷措施的内容，专业用词逻辑语法与4.3第二类防雷建筑物的防雷措施的内容相同，对于规范第4.4.1条；4.4.3条；第4.4.8.2；一样存在第4.3.1条；第4.3.3条；第4.3.9.2条以上所说相同的问题。

作为重要的专业性极强的《建筑物防雷设计规范》应该在用词、逻辑语法等各方面科学严谨，便于理解评判，具有可操作性，而不能靠权威去四处解释，我们认为规范在理论上是科学严密合理的，但个别条文表述不当。

第三篇
创意

东庄——西部生态环境研究中心

项目名称：东庄——西部生态环境研究中心

工程地点：乌鲁木齐县托里乡

建筑功能：科研办公

建筑规模：5131m²

设计人员：刘谱 张海洋

除了山清水秀，还有原始，这是托里乡第二印象。时值初夏，晴，眼睛里一下子满满的蓝天绿草，夹杂着老乡的生活痕迹，稍微一抬头，就是藏青色的山峦，坚决地横在天地之间，醒目！东庄的工地，坐落在这一片山腰的角落，安静得不起眼。三亩地，地下室基本占满，南北两个敞阔的采光井，一层近半架空；二层、三层渐大，几乎挤满整个用地的上空，天台直通地面，二十多米高，这便是东庄的骨骼。非既定的空间几乎无从下手，柱网、交通疏散、立面等等，无一符合一个普通建筑设计的"常识"。抛开原有的惯性桎梏，追求纯粹的空间，除了规范，其他一切顺其自然，并斗胆将这种设计方式堂而皇之地供奉在"建筑的非既定性"上。甭管成型的设计在别人眼里如何"洋气"，它始终没有突破那个土胎的样貌。造型虽然特别，却因材料与建造地点的选择而显得朴素、纯净。建筑与周围环境的关系也因此变得微妙，突兀在几个民宅之间，之于南山却无比自然，仿佛明明是新来的，却要告诉别人是土著。原始而精致，野性却温顺。记起与托里的第一次亲密接触，时逢大雾，一切都很朦胧，天地、山川、村庄没有了边界，因雾气糅杂在一起，混沌得像东庄。

农十师185团文化活动中心

项目名称：农十师185团文化活动中心

工程地点：新疆农十师185团团部

建筑功能：文化活动中心

建筑规模：4300m²

设计人员：刘谞 张海洋

建设用地位于团部办公楼东侧，再往东就是屯垦路——沿着边境线而建联系所有连队的唯一道路。项目不大，4300m²的建筑面积，内容包括小型礼堂、网球场、团史馆和文化活动用房，建设用地却有万余平方米。业主希望能有一个庭院式的文化中心——适合而不合适的想法。这里常年大风，冬季大雪，由院落营造一个避风避雪的环境很切合实际，但是建筑功能所产生的空间却不易形成舒适的围合空间。心一横，把"o"掰成两半拼作"x"，四种功能各占一角，再由交通空间联系形成四个半围合空间。豁然开朗，既解决了屯垦路作为门脸而实际的主入口却在团部办公楼这一边的矛盾，空间也因各部分不同的体量变得丰富而有趣，继而纳入景观，虚实相应，相互渗透的室内外空间由此成型。

作为一个经济欠发达地区的建筑，立面处理采取保守的策略，材料选择以使用普遍、施工方便、技术成熟、物美价廉为原则，摈弃所谓"高档"的材料，一则便宜，二则便于维护。

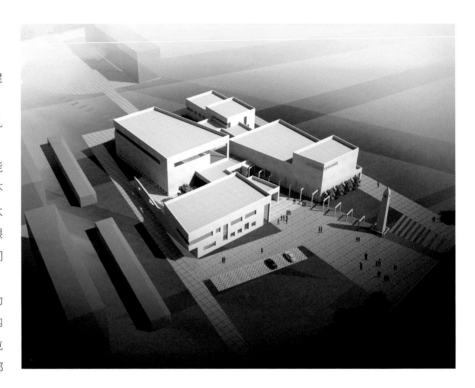

金融半岛

项目名称：金融半岛

工程地点：乌鲁木齐市大西门，中山路与人民路交汇处

建筑功能：城市综合体

建筑规模：187000m²

设计人员：刘谞 许田

项目位于乌鲁木齐核心商业区——大西门，规划区北侧为中山路，南侧为人民路，西侧为西河坝前街，东侧为新华南路。本着"时代新城""商圈CBD""经济生长""多元化"的原则，因地制宜，融合四周CBD环境，以金融写字楼、商业、酒店娱乐为主，构建商业圈新核心区，打造独具风格却不失连贯的系统新城。由于独特的用地范围及四周的环境，围绕用地做出了合理的调整，西侧为学校，东侧为住宅、金融，北侧南侧十字路为商业区，为此，造就了贯穿南北板直硬朗的金融大楼，起到分割东西向，为学校提供安静的环境，同时引导人流方向：东西向板楼相垂直穿插围合出新金融半岛空间，同时穿插中增加虚空间形成穿影，打破金融大楼的呆板，造就东西向对视关系。商业区的半圆交错设计，围合出商业主街，增大承接面，迎合出多个绿化疏散面，同时在十字路口处退让出集散广场，增加城市舒缓空间的同时，布就绿化、交流空间。直板办公楼与曲弧购物商业区形成对比，寸土如金的地理环境与合理的休闲娱乐广场形成对比。体量的高大用透明材质来削减，阶梯高度变化增加立体空间与层次的质感。

哈密宾馆

项目名称：哈密宾馆

工程地点：哈密市迎宾路哈密地区宾馆院内

建筑功能：宾馆

建筑规模：12000m²

设计人员：刘谞 张海洋

哈密宾馆新建一号楼位于哈密市迎宾路，哈密地区宾馆院内。拆除原一号楼后在原场地新建，因为过于靠近迎宾路，几乎成为哈密宾馆的门脸。作为古丝绸之路的咽喉要道，需要体现中原文化与西域文化的碰撞交汇，这里的建筑多响应"中西结合"的号召。哈密宾馆的旧建筑也不例外，建设用地的规模与建筑面积相比显得非常小气，考虑宾馆采光、朝向、私密等固有属性的布局下，建筑差不多占了整个用地的面宽，对于整个院子而言好比一堵又高又厚的墙。院子要透气，墙上就必须开洞，墙头上还能高低错落一些，呆板的形象瞬间活泼了，加上坡屋顶，像超尺度的古典园林的围墙，这是打破秩序的重要一步。基调奠定之后的细部就容易解决多了，屏风横着放可以做雨篷，彩画也能超尺度，外窗映射穿斗式的木结构，所有的元素都安排在传统建筑不可能出现的地方——蒙太奇的手法很好用。建筑的颜色遵循了这里的主色调，大地色成为联系新旧建筑的纽带。

喀什地区博物馆

项目名称：喀什地区博物馆

工程地点：喀什市阔纳机场路一号小区

建筑功能：博物馆

建筑规模：15000m²

设计人员：刘谞 宋永红 周小倩

了解一个城市的过去和现在，从某种角度上可以说是从博物馆开始的。一座博物馆就是一部物化的发展史，人们通过文物与历史对话，穿越时空的阻隔，俯瞰历史的风风雨雨，它既是源远流长的地方历史的重要见证，也是维系中华民族团结统一的精神纽带。

喀什是古丝绸之路上的重镇，具有悠久的历史、灿烂的文化、浓郁的民族风情。当今的喀什不仅是南疆西部经济、政治、文化中心，也是我国通往南亚、中亚经济圈的重心之地。博物馆作为当地标志性建筑，充分反映了喀什的城市特点和风貌。整体建筑一气呵成，端庄而肃穆，充分体现了喀什厚重的历史底蕴。设计上不仅具有鲜明的现代风格，追求建筑自身的技术、设施先进，功能合理，建筑造型还浓缩了当地的民俗，优美的壳体外形，仿佛大地上生长的果壳，向人类传达着历史的信息，长方体的穿插如同历史长河，不断地将过去的历史输送。一线天光直泻博物馆中庭，打破了历史的凝重，展现了生命的灿烂。

乌鲁木齐经济技术开发区文体中心

项目名称：乌鲁木齐经济技术开发区文体中心

工程地点：乌鲁木齐经济技术开发区二期延伸段核心区

建筑功能：文化体育中心

建筑规模：47770m²

设计人员：刘谞　林啸　张海洋

通过建筑形体的高低穿插，创造鲜有的外在表现。非常规的正立面、背立面之分，而是立体的鲜活的生命。文化中心与体育中心两大功能空间虽分而合，体系与管理严谨，将共同资源予以"合"的配置。普通意义上的两层文体建筑却创造出五层的多功能使用空间，结合地形的变化，地下室和屋面的充分利用，创造出上下互动的建筑生命体。尊重空间，更强调第五立面，体现速度与时间的契合，提高存在的价值。梦呓般的中庸建筑，却深藏激情的设计与个体的意志。文化体现在非文化之上，体育体现在活力与运动之上。就如创造亚当和夏娃的人类祖先，用普通的泥塑了人类，我们也一起用最简单、最经济，最方便的做法，来实现建筑精灵的复活。

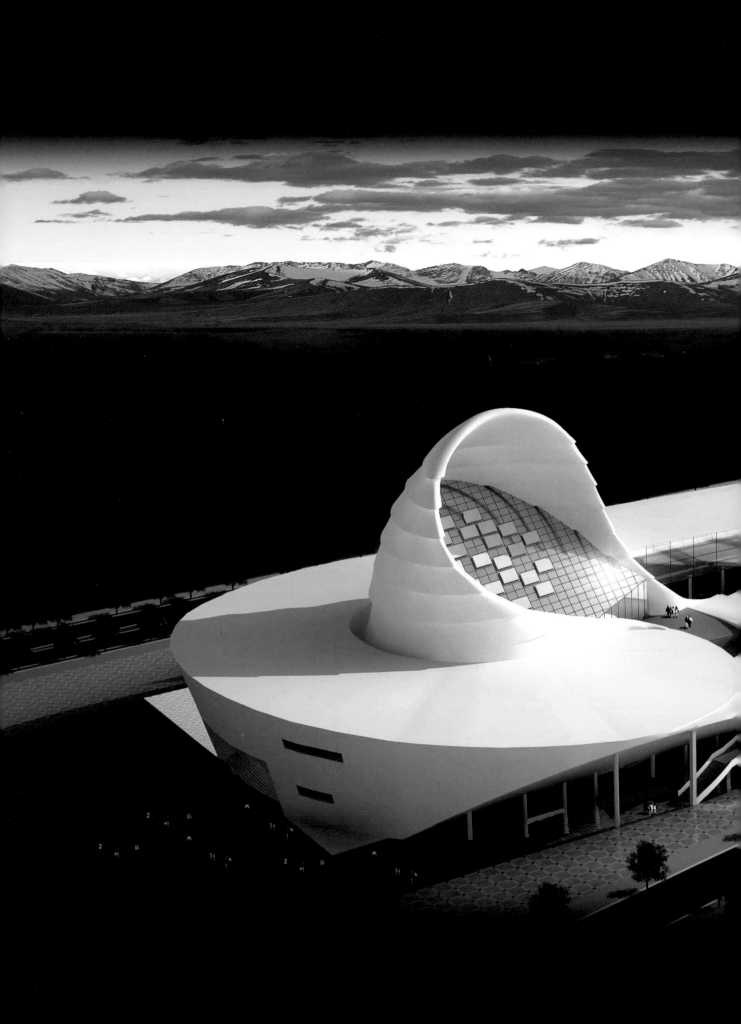

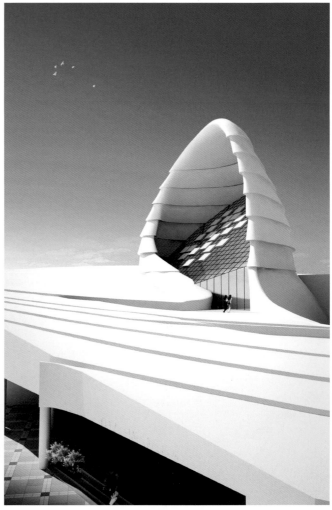

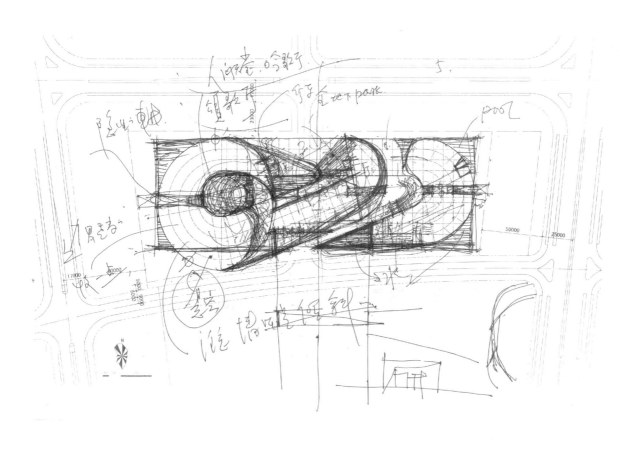

大河——克拉玛依穿城河东段改造项目

项目名称：大河——克拉玛依穿城河东段改造项目

工程地点：克拉玛依穿城河东段

工程性质：景观规划、建筑小品

工程规模：规划面积779000m²

合作单位：新疆城乡规划设计研究院有限公司

设计人员：刘谞　王策　普利群　张海洋　林啸　马静　周小倩　付丁

"克拉玛依河"从无到有、从窄到宽、从小到大，承载着几代人的梦想，她是克拉玛依人心中的"大河"。充分利用本段较好的用地条件，克服地形条件的限制，努力挖掘地域文化特征，展现克拉玛依市特有的石油文化、引水文化和因油而生的城市文化。大面积的林地及现有工业用地是城市生态建设的足迹及城市更新的必然过程，河道改造中提炼城市的结构肌理与场地的生态肌理，形成网状。条带状的绿色基底，打造淳朴田园风，同时利用场地中大面积保留的林地与改造后河道的水面相互呼应，形成水、绿、建筑交融的景象。功能建筑、绿化、场地、小品的组织形成广场式的开放空间，大尺度的场地便于附近居民社区开展多种文化活动，利用场地高差建成的文化活动中心为冬季的居民文化活动也提供了良好空间。屋顶平台与室外场地相互穿插，像个月牙连接了形成落差的地形，更像个从地里长出的庞然大物。多了个市民晒太阳的地儿（平台），

"晴照台"名字便由此而来。游人可以走上晴照台，登高望远，品味和欣赏河道的风景，也可以从屋顶下到河道平台上观赏田园风情的花海，还可以走到建筑内部休闲娱乐，两侧的美景透过玻璃不断的渗透。屋顶平台下部的空间充分利用，将棋艺大厅，桥牌馆等文化活动空间设置于较为开放的区域，将各类辅助用房设置于较为隐蔽层高较低的空间。每个区域均有直接对外的出入口，游人可以用不同的路径随意到达任何一个角落，自由——便是最好的诠释。过渡的"亲水广场"，使建筑由于外部环境的规划设计而与城市空间有机的融合。

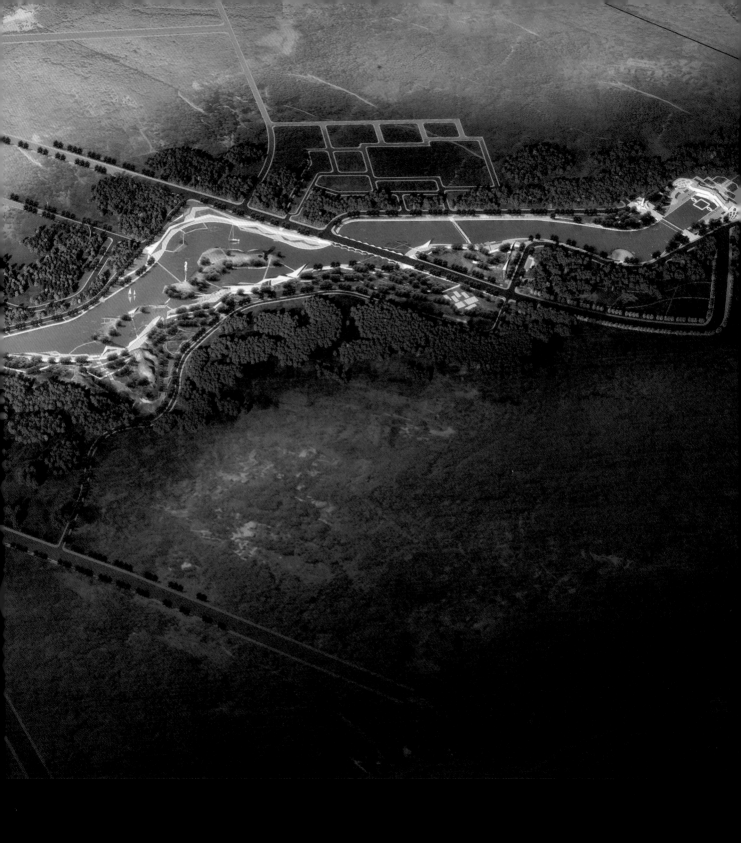

龙河川

项目名称：龙河川

工程地点：克拉玛依河九龙潭景区及西月潭入口处

工程性质：景观规划

工程规模：98500m²

合作单位：新疆城乡规划设计研究院有限公司

设计人员：刘谞　王策　普利群　赫春红　郭琼　付丁　许田

总基地位于北部老城、西部新城、南部科技城，三大城市板块交汇处，是贯穿三大城市的交通枢纽地带。设计中"龙河川"南高北低，总落差21m，北面为备用荒地，南面为防护林，拟建东湖公园。西面为石油博览园，是克拉玛依大湖风景区中心景区的重中之重。

"江万水息泽民生，情洒大河大川，川河成潮，龙河悠长，点龙，线河，面川者，其恢宏之气"故名"龙河川"。"大龙"：交通的核心枢纽，景观的重中之重，把握着"大龙之位"；蜿蜒的形体设计加之斜滑的水流面，水体流动其中赋予动态，造就"大龙之形"；南北高差近21m，蜿蜒曲折数百米的水道铺设，壮丽景观造就"大龙之势"。"大河"，克拉玛依的母亲河——克拉玛依河；"大川"，石油人家的幸福川。融汇着克拉玛依"石油人"坚强不屈的骄傲，对家园炽热的乡情，对幸福不懈的追求。"龙河川"是油城人精神之象征，是大西部粗犷不羁的水利奇观，是克拉玛依地标性的景区。

"龙河川"通过形体改造，创造性地设计了由二维传输到三维立体的转变，给予人们多角度欣赏的体验感受，通过曲折蜿蜒的设计，赋予了景观曲径通幽的理念，与景观整体紧密融合。山，水，人，在移步换景中体验着融合的美妙。

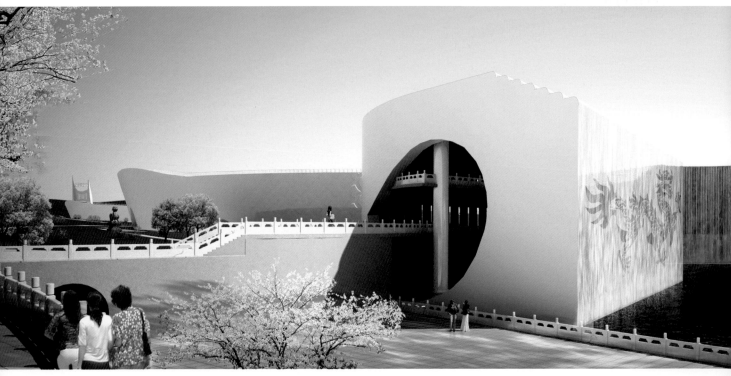

大家的院

项目名称：大家的院

工程地点：新疆库尔勒市

建筑功能：居住小区

建筑规模：369424m²

合作单位：新疆城乡规划设计研究院有限公司

设计人员：刘谞　詹欣　陈洋博　周小倩

住宅区常常以红线为界来规划住宅，思考小区内的均好性和住户的最大利益。少数注意到城市周围环境，街区的衔接关系和城市风貌。而"大家的院"设计面临地区周边的孔雀河及城市接轨，追求"无我"的理念，将城市轴线放开，与城市空间相融合。而巨大的"四合院"的设计，为居住者提供了集中社交、休闲、娱乐及绿化的空间。将

围合的单元"打开"，既解决了邻里之间互动不足的弊病，又丰富了空间形象和造型，规划布局呈现更为自由的模式。景观大节点与孔雀河相得益彰，既做到了景观之间的相互辉映，又有各自的渗透，与单元结合，形成一个完整的天圆地方。动静结合、虚实对比、承上

启下、循序渐进、引人入胜、渐入佳境的空间组织手法和空间的曲折变化，园中园式的空间布局整体分隔成许多不同形状、不同尺度和不同个性的空间，并将形成空间的诸要素糅合在一起，参差交错、互相掩映，将自然和人文景观分割成若干片段，分别表现，使人看到空

间局部交错，以形成丰富得似乎没有尽头的景观，从空间、轴线、景观上以及建筑形式上抛弃常规住区规划手法。人们已经不再单纯的满足于寻求一处"栖身"之地这一层面，而是越来越多地将目光投向空间结构和内部环境。现代意义上的院落空间与传统民居的院落空间有了很大的不同，但我们的院落空间并不是闭合的界定空间，而是一个开放的延伸空间，与相邻空间和构筑物紧密联系、浑然一体。从而增加人们与自然环境接触的机会，创造良好的居住环境。创造公共空间与组团，通过景观设计手段的有机结合，为居民提供尽可能多的户外交流空间，使"气脉"更加贯通。带动整个片区形成连接孔雀河的整条线性空间景观轴。促成点、线、面的巧妙结合，构成丰富而有序的居住空间形态。

库尔勒音乐厅

项目名称：库尔勒音乐厅
工程地点：库尔勒市延安路
建筑功能：音乐厅
建筑规模：12099m²
设计人员：刘谐 许田 林啸 彭勃
王江铭 李刚

音乐厅是市民公共活动的载体。库尔勒市是有着浓厚市民传统的新兴城市，在大规模，大尺度的新城建设中，如何延续传统并将市民生活与高雅艺术相结合，为新城带来活力，是设计中所关注的。本项目在整体设计中充分考虑人与自然景观的关系。同时，围绕公共艺术这一城市话题，进行详细的研究与分析，进而合理地设计。提供的不是一般观赏性休闲绿地，而是一个生动的城市生活舞台，一个公众触摸艺术的界面。艺术广场设计力图延伸、叠合传统的建筑、广场、园林概念，使建筑不再是用来界定广场的边界，而成为广场及园林的延伸。这里，建筑成为城市的艺术品，也强调了其公共性。艺术展厅、艺术书店、空中咖啡厅、纪念品店等高品位的文化艺术休闲设施，使顶层庭院成为良好的露天展示及交流活动的场所。完整又相对独立的公共配套设施，有利于非演出期间的经营和管理。

音乐厅的空间形态，在方案伊始，并没有刻意去寻找天鹅、香梨这些元素，只是根据周边环境、功能使用的要求，慢慢演变而来，宛如一个孩子，谁都不知道长大后会变成什么样。这也许就是这个外形奇特的音乐厅魅力所在。在创作过程中不断地发现一些问题，然后不断地修正，而且是没有方向的修正。从最初的泥巴模型，到后来的鲨鱼、孔雀、玉石，总是那么出乎预料。

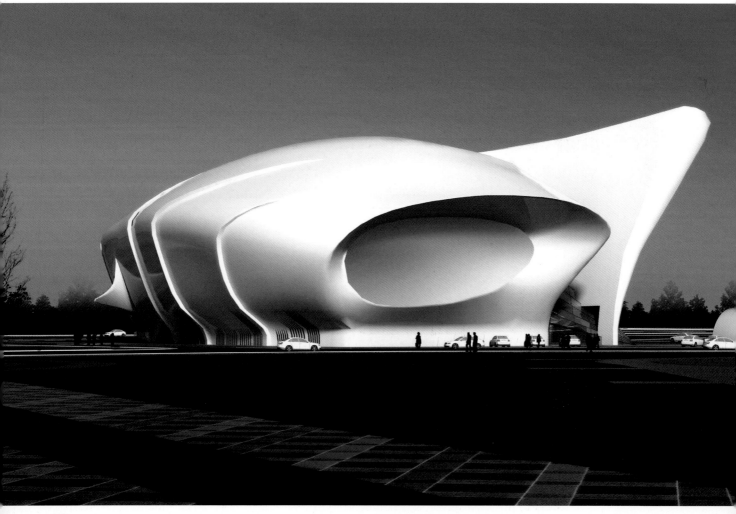

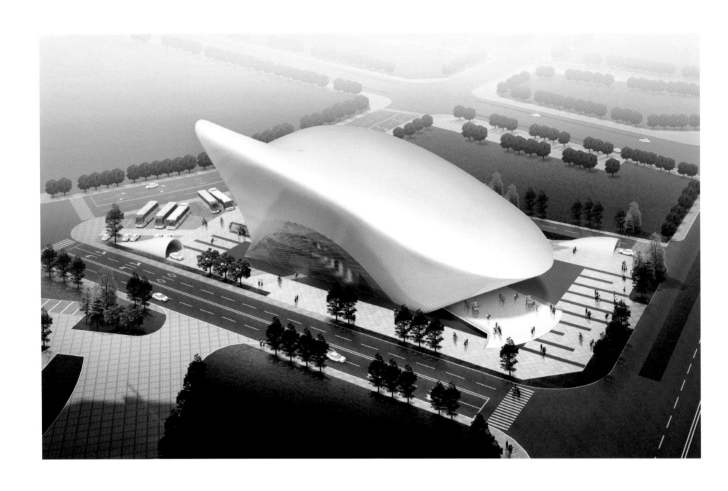

库尔勒永安塔

项目名称：库尔勒永安塔

工程地点：库尔勒市

建筑性质：景观建筑

建筑规模：600m²

合作单位：新疆城乡规划设计研究院有限公司

设计人员：刘谞 普丽群 付丁 周小倩

永安塔是依照华夏文明建筑风格而打造的，塔通高 52.7m，塔身为7层，塔体呈方形，偏锥体。塔内有电梯可直上至顶层，顶层为四面透窗的设计，方便凭栏远眺。除顶层外，每层的相对两面各有一个拱券门洞，便于通风和采光。永安塔的设计以城市空间环境为背景，以汉代文化为前提，欲将传承传统文化与现代文明结合，让传统建筑在当代大显风采。既体现了华夏文化底蕴，又融入和利用了现代建筑元素及技术，与此同时，汲取库尔勒地区传统文化之精华。整个建筑气魄宏大，造型简洁稳重，比例协调适度，格调庄严古朴。塔顶层视野良好，可俯视周边环境区域。环境地形设计时，有意将塔体所在的位置堆高，拔升了建筑总体高度，有效地烘托永安塔威严宏大的气势。其余区域环境设计，遵循城市空间、轴线的要求，景观效果有收有放。

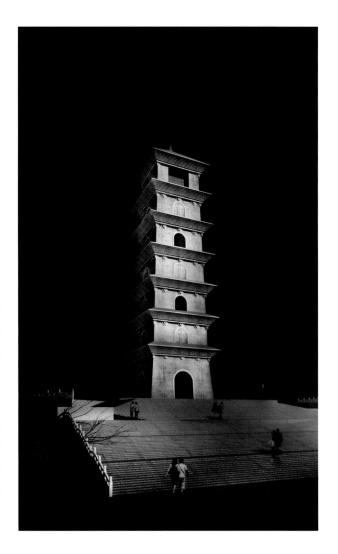

永安塔及周边环境

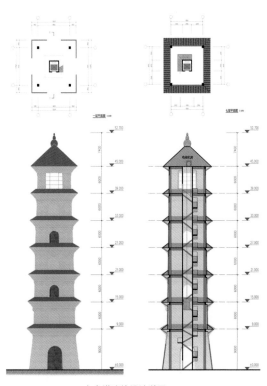

永安塔建筑设计详图

宁夏银川"新月园"

项目名称：宁夏银川"新月园"

工程地点：宁夏回族自治区银川市区北郊海宝公园内

建筑功能：清真寺、伊斯兰文化馆、民俗风情馆

建筑规模：27700m²

合作单位：新疆城乡规划设计研究院有限公司

设计人员：刘谐　普丽群

新月园位于宁夏回族自治区银川市区北郊海宝公园内，东起民族北街，西至规划路，北达上海路（北二环路），南依海宝公园规划内湖。一寺两馆及伊斯兰文化广场总体规划在分区上追求动静之间的关联，强调了空间的导向性、景观的连续性，把建筑与城市空间、文化结合起来，注重教民与游客的分离和融合。整体设计以宗教文化区、文化游览区、滨水休闲区三个功能区为主线，以崇高的礼拜、休闲旅游、生态环境为总创意骨架，将清真寺与人、人与旅游充分融合于整体设计中。礼拜大厅室内空间月牙顶部最高点距地面18m，最低点4.2m，宽度72m，前后长54m，可容纳3400人同时礼拜。前部空间，通过三层向上沿的空间，镶嵌了透光性极强的众多小窗，给大殿地面投射无数光线。在超尺度的巨大月牙顶部结构上没有用柱子来支撑，考虑到穆斯林喜欢绿色，壁龛采用绿色纹理，下部嵌有金色造型精美的月牙主体。

建筑主体构思以伊斯兰文化为主题，从穆斯林的发展及教义出发，通过一种抽象、超尺度的场所引导教民通过信仰和修身、修心达到宗教建筑周围环境的整合构思，打破以前人们心中的固有的清真寺建筑形象，从思想演变到构成发展出抽象的空间形体。

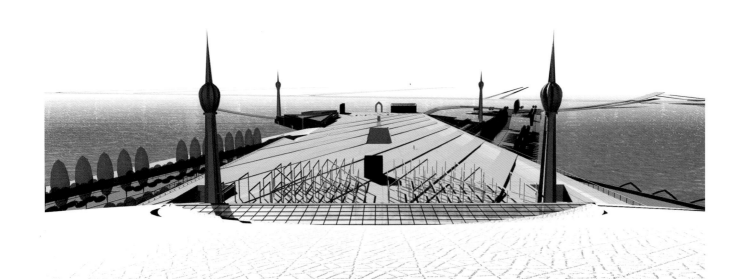

深圳市宝安中心区城市设计

项目名称：深圳市宝安中心区城市设计

工程地点：深圳市宝安区宝城片区的滨海地带

工程性质：城市综合体

工程规模：规划面积640hm²

合作单位：新疆城乡规划设计研究院有限公司

设计人员：刘谞 王哲 普丽群 寇暾

全区用地分为滨海行政商务区、滨海休闲区、滨海会展科技体育区、滨海居住区四个功能区，按照核心边缘理论梳理中心区城市用地结构。由滨海行政商务区、休闲区、滨海景观岸线构筑中心区的核心。其布局形态遵循特色分区、开放、灵活、便于使用和易于分期开发的原则。空间架构从大范围、大尺度、高视点的角度，设计确定符合中心区环境特征和性格特征的空间布局和建筑轮廓线。同时从人的运动感受出发，依照人体尺度和视觉感受来确定形成本地区独特的空间意象。基于以上认识，中心区整体空间结构由绿轴及科技体育轴两条外张性的带状空间，一个内敛性的核心空间即行政中心、商务办公区和市民广场，两条内敛性的城市商业带状空间及相关空间节点组成。城市景观体系按其表现特征可分为自然景观、人工景观、人文景观。在与人这一城市活动主体之间的交流方式上可以分为"显性"与"隐性"两种景观类型，一个是可以通过视觉、触觉、听觉来感知的，而隐性特征则是在一个时间周期通过交流慢慢领悟与体会的。因此本方案着重于显性景观空间的塑造和隐性人文景观场所的提供。

从高度分区的控制和景观界面的规划入手，以滨海城市特点出发，重点打造特质海岸线景观，使人于运动中体会到城市文化内涵。

"城市设计是设计城市，并非设计建筑"，基于今日之城市为一个"开放的、复杂的系统"，又是当代城市设计的走向之一，通过多学科、多角度、多层面的优化整合，创造一个建筑、园林、城市三位一体的城市环境。同时人与自然的关系将强迫的征服转化为主动的平衡，以求达到中国古代哲学"天人合一"的境界。

塔什库尔干县博物馆

项目名称：塔什库尔干县博物馆

工程地点：塔什库尔干县慕什塔格路与红其拉甫路交汇处

建筑功能：博物馆

建筑规模：2229m²

设计人员：刘谞 许田

塔什库尔干县博物馆，最为重要的属性就是博物馆所在的地域——神秘的、神奇的塔什库尔干。

白色外墙：塔吉克人将盐看作是纯净的物质，平时，常以盐发誓。塔吉克人认为奶是最为纯净和伟大的，洁白的奶出自鲜红的血，这本身就是个奇迹。塔吉克人认为，白色是纯洁、纯净的象

征，红色是喜庆和幸福的象征，因此，他们认为这两种颜色最美。这里有海拔8611m的世界第二高峰——乔戈里峰，北有海拔7546m的世界"冰山之父"——慕什塔格峰，白雪皑皑的帕米尔高原，白色当然是主导色！

方形顶：塔吉克族人的正房都是正方形平顶屋，房顶四边略低于中间以利流水，也作晒台。灶台上方的屋顶建有1m见方的大天窗，可采光和通风。有的天窗高出房顶半米之多，镶玻璃，精雕细刻，彩绘鲜艳。

鹰眼：塔吉克人关于鹰的神话传说有十余种之多，鹰是勇敢、正义、纯洁、忠诚的象征。

长弧形房间：博物馆的重要问题就是考虑好参观流线，长弧形，很好地引导了人们的参观路线，先抑后扬，豁然开朗。

国门、城堡：石头城，古代边防要塞，虽已残破，更为神秘震撼。红其拉甫边防检查站官兵常年坚守在帕米尔高原的恶劣环境中，担负着出入中国至巴基斯坦的世界上80多个国家和地区的旅客、员工、交通运输工具的边防检查和126公里孔道监护任务。该口岸是我国通往巴基斯坦的陆地口岸，通向中亚、欧洲及地中海沿岸阿拉伯国家的"桥头堡"。

塔什库尔干县图书馆

项目名称：塔什库尔干县图书馆

工程地点：塔什库尔干县中巴友谊路与塔什库尔干路交汇处

建筑功能：图书馆

建筑规模：2070m²

设计人员：刘谞 付丁

提到塔什库尔干县，很容易让人想起那部经典电影《冰山上的来客》以及那首《花儿为什么这样红》。《冰山上的来客》已经成为塔吉克人的代表，《花儿为什么这样红》已经成为传唱的经典，成为塔吉克文化的一种体现。在现代塔吉克人的观念中，鹰是勇敢、正义、纯洁、忠诚的象征。塔吉克人关于鹰的神话传说有十余种之多。通观种种神话传说，鹰与塔吉克人始终患难与共、生死相依。塔吉克人习惯将英雄人物比喻为雄鹰。塔吉克人最具特色的乐器是鹰笛，这是用鹰翅骨制成的一种骨笛。鹰笛的传说也深刻地表现了鹰与塔吉克人的关系，塔吉克民间舞蹈亦多有模仿鹰的动作。故人们常常将塔吉克族称为鹰的民族。在图书馆的设计过程中，运用了塔吉克元素，以及中国传统建筑中的"斗栱"、"密檐塔"等设计元素，结合图书馆的使用性质，最终，打开一本书，在世界之巅，像一只帕米尔雄鹰，给上天看，给大地看，给所有人看，传承文化，传唱经典。

维泰总部大厦

项目名称：维泰总部大厦

工程地点：乌鲁木齐经济技术开发区二期延伸段纬三路与莲湖路交汇处

建筑功能：综合办公

建筑规模：128737m²

设计人员：刘谞 张海洋

1．地势为开发区较高地段。以山为伴，故建筑应以坚固、稳重、踏实为宜。

2．山风狂烈，主体有两方形"视窗"，以泄风压。

3．场地有地震断裂带，主体放置东南避之。

4．依功能要求，将平面布局为华夏传统之"九宫"格局。平面布局公正、中正、东南西北均衡。

5．建筑形态稳如泰山，裙房主楼浑然一体。

6．开世界之"窗"，创俯瞰城西之高端共享空中巨型花园，观景、实用，又集避难层规范所一身。

7．柱廊成院，既有西洋古典之风，又有中华殿堂之辉煌，兼具新疆防风、避砂、遮阳传统庭院之法。

8. 造型之洗练、功能之分析、施工之便捷，使造价成本类比经济。

9. 各视角均有伟宏、秀美、活力、创新、发展之韵。

10. 内部一至七层为超大自由空间布局，可依不同业主灵活划分，标准层规整、通顺，南北朝向全为自然采光与通风。

11. 五种大小高低不同之空间使用安排：①裙房超大空间，②标准层通层办公空间，③上端高端行政用房，④中部单元式组合，⑤两个"阳光"空中大堂；此种设计满足各类需求。

12. 刚毅中的柔美，大直与小弧之对比，有力有度。

13. 建筑形象表征多元内涵，仁者见仁智者见智，奥秘不宣。

14. 场地完整保留UETD，停车，离、集散，休闲各自分明。

15. 环形消防车道与人流分设互不干扰。

16. 地下3层、2层为停车之用，另层为设备用房。

17. 坚固、实用、美观、经济、生态与环境友好、现代持久的理念，是设计的宗旨。

新疆体育局三屯碑训练基地"射击馆"

项目名称：新疆体育局三屯碑训练基地"射击馆"

工程地点：新疆维吾尔自治区体育局三屯碑训练基地院内。

建筑功能：射击训练馆

建筑规模：11370m²

设计人员：宋永红

通过对"射击"运动的了解，确定把"静与动"的结合作为设计的理念。该工程的设计表达了从大地生长而起，以刚性的体块为建筑母题，通过几何体块的切削、穿插、组合，展现与大地紧密相连，塑造具有雕塑感的建筑形态。夸张的几何体的表现，给人以动感的力量，抽象高耸的"大树"象征着森林，强调了建筑空间与自然的对话，体现回归自然，保护生态环境的寓意。决赛馆与训练馆之间的联系通过辅助办公用房贯通，建筑设计采用"]"字形的体块将三个功能体有机结合，成为整个建筑特征鲜明的母题， 在出入口处重复呼应母题"]"字形。在建筑外幕墙采用方块实体的穿插，引发人们联想到"射击靶"的"静"，建筑外部浅灰色复合保温板墙富有韵律的开窗，引发人们联想到"子弹"的"动"。当明媚的阳光通过"让子弹飞"一样的窗洞洒向射击馆内，"光与影"交织跳动的音符充满"静"的室内空间，这样"静与动"的结合就营造出了细腻安静的质感，给人以放松亲切的精神感受。建筑整体风格将"质朴"、"自然"、"力量"、"平静"、"流畅"等元素加以发挥，充分体现了"静与动"的设计主题。

伊宁县司法局、土地局及卫生监督所综合办公楼

项目名称：伊宁县司法局、土地局及卫生监督所综合办公楼

工程地点：新疆伊宁县

建筑功能：办公楼

建筑规模：12515m²

设计人员：刘谞 付丁

世界建筑特色基本上以地域、文化、宗教为主要区划，数数并不繁多，妄想另辟蹊径很可能枉然。在本方案中，结合新疆伊犁地区的气候、环境，外围严密以防严寒，减少冬季西晒、西风对建筑的影响，西墙尽量少开窗，东向也尽量少开窗，南向敞开，北向适度开窗。建筑物布局根据功能需要，成围合结构，水平、垂直交通简洁、直达、突出目的指向。围合结构形成内院，三个单位各自有相对独立的出入口，方便管理，又能共享内院，阳光洒入内院，使内庭院更贴近生活，即使在冬季，也能有一个合适的室外活动空间。 结合当地民俗、文化、经济、建材等因素，建筑物采用当地材料，枯树可用，乱石也好，装修以矿物质、原生材料为主，少用合成化学高强之物，追求低造价、低装饰、低技术。施工不必精致，到位就好；构建粗糙不怕，重要的是实用；窗户密实就好，技术没有高低，适合的就是最好的。不是杂技也不是炫耀技能，难看的搭配只是习惯问题，逐渐认同陌生变为认可就是从新到旧的过程。

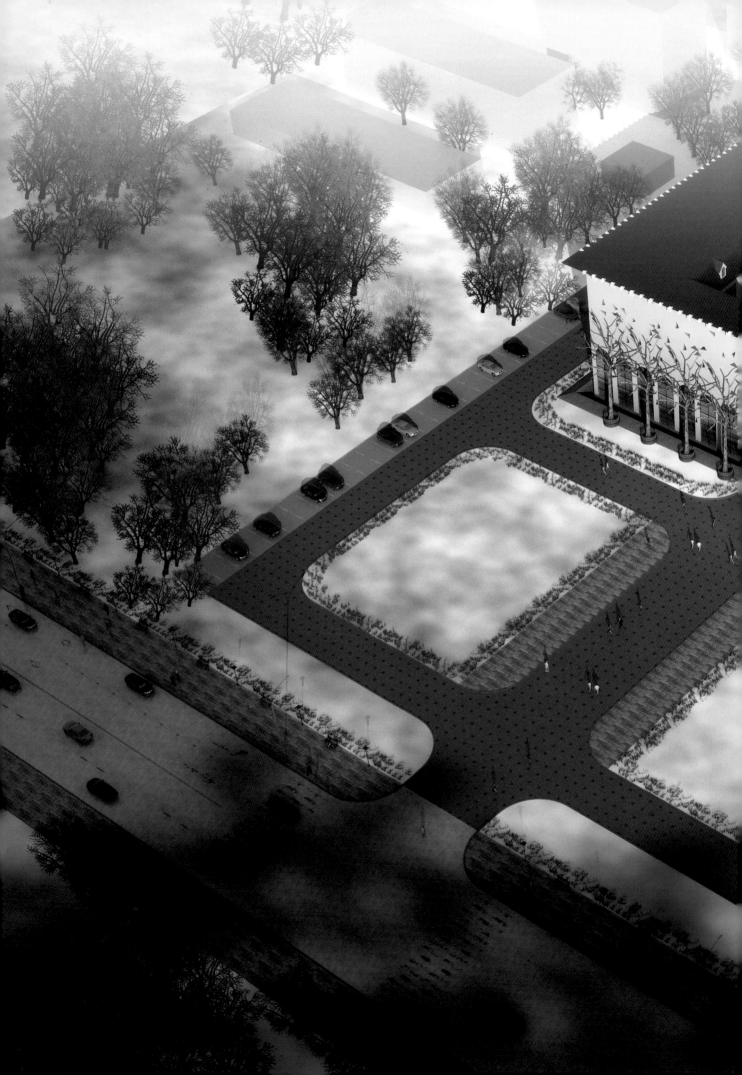

云南大理苍洱国际观光大酒店

项目名称:云南大理苍洱国际观光大酒店

工程地点:云南大理龙山

建筑功能:五星级酒店

建筑规模:57169m²

合作单位:深圳建筑设计研究总院

设计人员:刘谞 张海洋

充分利用地理优势,发挥用地最大潜能:根据地形的特点,建筑主体呈一字形沿东西向略偏东北向为最佳,原因有:1.用地东西长南北窄,如此可有效利用土地;2.龙山山脉走势及大理白族自治州行政中心建筑群走势也为此方向;3.沿此向布置,客房朝向为苍山、洱海的最佳观景朝向。丰富和完善区域空间形态,对于用地的空间结构起统领作用:大理白族自治州行政中心建筑群虽然数量庞大,但全是3~5层的多层建筑,建筑轮廓线平缓,此酒店的建成将主导这一地区,形成丰富的有节奏的城市天际控制线。体现时代特色现代建筑风格:建筑造型应体现时代特点,给人以耳目一新的感觉,使之成为大理市的地标建筑。充满灵感、幻趣和想象力的空间设计和多样化主题装饰风格:建筑造型应变化多样,不具体的造型,给人以丰富美好的遐想。丰富而有特色的餐饮休闲娱乐功能:酒店的配套设施在满足酒店规格的要求和功能流线的需求前提下,应打破常规,赋予丰富浪漫又情趣化的空间组合形式。

新疆国际会展中心南侧绿化广场建设工程——轴、心设计

项目名称：新疆国际会展中心南侧绿化广场建设工程——轴、心设计

工程地点：新疆国际会展中心南侧

工程性质：景观规划及附属设施

工程规模：规划面积19763m²，建筑面积4850m²

合作单位：新疆城乡规划设计研究院有限公司

设计人员：刘谞 王策 普丽群 王璐 郭琼 付丁

设计对现状浅丘、高坡进行地形改造，顺势扬起绿色飘板，以飘板为主要景观视线，引导和组织周边序列景观，以简单的形式，含蓄而包容的手法，与会展中心形成完整而和谐的整体形态，成为新时期连接亚欧板块，展现"新丝绸之路"的实体纽带。

设计元素一：天圆地方

自古有天圆地方之说，圆指天，给人以远大胸怀的天父印象；方指地，给人以孕育万物的地母姿态；设计的飘板引入古埃及金字塔退层和哥特式建筑穹顶的设计理念，由会展中心正对的广场入口开始，通过台阶的逐渐抬升在解决高差问题的同时，逐渐形成飘板向上升腾的趋势，飘板的尽头指向天空，场地的绿化景观犹如大地之母孕育而生，飘板宛如由大地的怀抱飞向天空的白鸽，给人间带来和平和生机。

设计元素二：凤凰涅槃

凤凰是上古神话中的白鸟之王，和龙一样是中华民族的标志元素，相传分为五色，分别是青色青鸾，黄色鹓鶵，白色鸿鹄和紫色鸑鷟。凤凰死后，周身燃起烈火，后于烈火中获得较之以前更强大的生命力，即"凤凰涅槃"。

设计元素三：回子纹理

设计以地母姿态的方形回字纹理为绿化空间交错的纹路，"回"字形的种植形式体现内聚，向心，归一的态势，寓意：中华民族的统一，华夏振兴的信

念。

设计元素四：双鱼跃龙门

双为吉祥之数，俗说鱼跃龙门，过而为龙，唯鲤或然。

设计中以水景喻双鱼，以绿色飘板喻龙门，寓意：中国，新疆逆流前进奋发向上的鉴定信心。

设计元素五：双喜图

飘板上地被植物以草坪、花卉间或布置，且以喜字元素符号作为飘板的组合纹理。寓意：亚欧博览会的召开将带来与会双方合作共赢的目标。

设计元素六：铜币

主要指方孔铜币。设计以56个着民族服饰的歌舞人像为围合，寓意：56个民族大团结，利用地纹和中心大型和田玉石印章的景观，整体构图仿佛中国的古铜币；寓意：中华民族自古以来与友邦的商业文化交流活动传承至今。

设计元素七：雪莲花

又称"雪荷花"，雪莲生于雪山之巅，美丽而带着高入云端的神秘，

传达圣洁的美好意愿、场地中心为3m×3m×7m高的大型仿和田玉石印章，寓意：以雪莲花瓣包裹和田玉石印章作为礼物献给前来拜访的宾朋，呈现高贵圣洁之意的同时，也传达了以中国文化内涵包裹的新疆无价之玉为礼，献与各国宾朋的深厚情谊。

设计元素八：蝴蝶效应

本意指：一个好的微小机制，只要正确指引，将会产生轰动效应。设计中，人行步道隐约勾勒出蝴蝶的图案，映衬在绿地方形构图的基调上，突出方形地母的主题，层层退晕的方形图案与凤尾线条的重叠勾勒大地之母孕育万物的复杂变化的多种多样，退晕层次犹如蝴蝶效应中的洛伦兹曲线一般逐渐扩散开来，寓意蝴蝶的每一次振翅都将为远方的宾客亲朋送去问候与祈福。

新疆国际会展中心

项目名称：新疆国际会展中心

工程地点：新疆乌鲁木齐市水磨沟区

建筑功能：会议展览

建筑规模：89170m²

设计人员：刘谱 林啸 张海洋 付丁

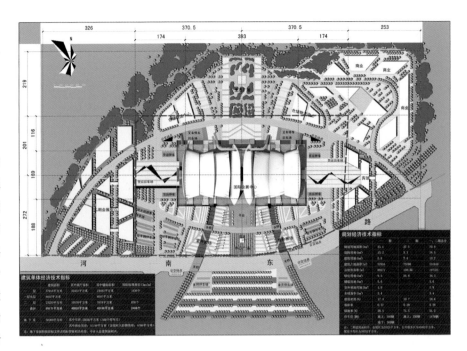

项目用地位于新疆乌鲁木齐市水磨沟区红光山片区，在规划中特别注重现实与未来环境和谐的原则，强调城市建设与生态环境保护之间达到和谐。注重建设工程及建成后运行中节约能源和其他资源。将建筑放在"会展之都"这个大构架下进行，提倡高屋建瓴的"大设计"思路，抓住会展中心——展览和会议这两个核心元素，进行整体设计。考虑到建筑自身的长效利用和长期经营，以及绿色、环保、节能等诸多因素，在注重功能实用性的前提下，同时注重自然肌理与地域的结合，从而为建筑导入其个性特征和地方特色。充分利用地理优势，发挥用地最大潜能：根据地形的特点，建筑主体呈一字形沿东西向布置，原因有：1）用地东西长南北窄，如此可有效利用土地；2）建筑平行用地前的市政道路布置，可以和将来二期的建筑紧密便捷的联系，并且场前区留有足够大的空间，用于人流、车流的疏

导和室外展场的布置；3）建筑坐北朝南，可最大展开面展现自身的震撼力和感染力，并与周围的山势相协调，同时也最大限度地避免了阳光的西晒，达到节能的效果。考虑到会展建筑的使用特点，建筑只设了局部两层。大部分展厅和会议餐饮用房等都设置在一层，二层则设置了局部的无柱大空间展厅。一层展厅均集中并贯通布置（又可灵活分隔使用），餐饮和会议分设建筑的两边，又可以同时照顾到将来二期建筑的使用性。在地下则设置了汽车库和商业用房。建筑造型以自然、和谐为原则，注重提取祥云、百合、玉石、中国结、沙漠等自然形态元素与建筑本身语言相结合。建筑整体包括三大部分：曲线型屋面、大台阶+大面积水体、中间矩形的"中国结"水晶体。建筑造型与结构自然的结合既反映出科学的逻辑，又表现出飘逸的艺术造型。整个建筑在不同角度、不同时间，令人有无限遐想。充满灵感、幻趣和想象力的空间设计和多样化主题风格，表现出独特的建筑个性。

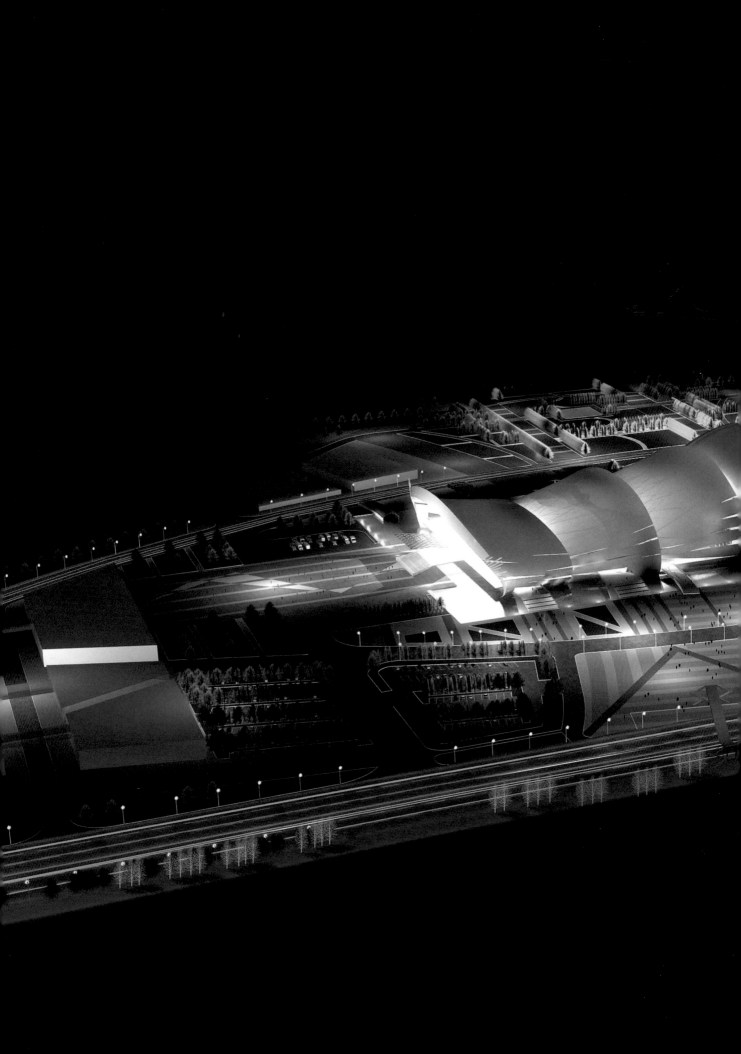

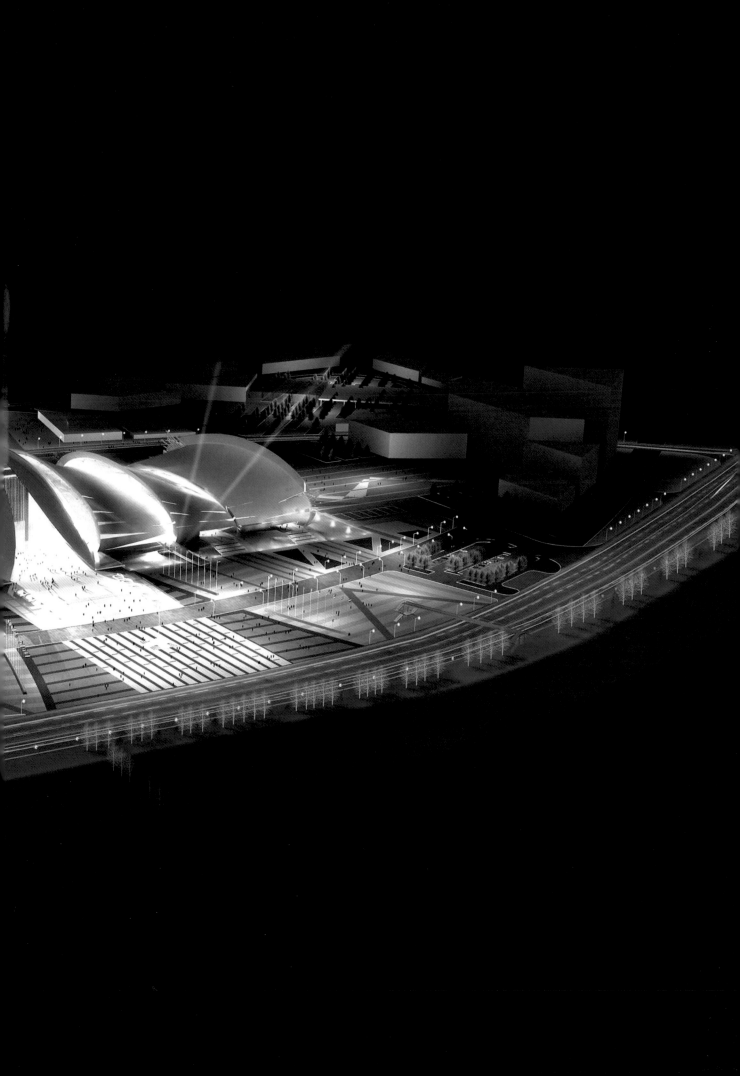

编后记

丰富心性与创作原野

其实真正认识刘谞兄也才十几年时间。但由于"读懂"了他，往事便被无数次记忆唤醒着，仅在我鼓励下，他写书出书这已是第四本了。《纪行——玉点建筑设计十年》一书是他两年前策划，旨在为玉点院诞生十年献上的"生日"礼，只因出版要求高，尽管刘谞院长本人随性，但他还是坚持说是要为全院同仁留下作品和思想足迹，"质"要胜于一切。

事实上，我是很钦佩他这种创作行事原则的。记得2005年，本人时任《建筑创作》主编时，刘院长凡有新作品，总要召唤我们的建筑摄影师前去新疆拍摄。北京院作品拍多了的摄影师，拍摄玉点院作品后，在被他们作品的大地自然风情震撼后，多少为其作品的朴素而不解，刘院长用一篇篇文字对此表述道，新疆的建筑创作说其难，就在于要慢慢懂得朴素是定力，是耐心，更是应找寻到的创作手法，我们与"北上广"作品的最大区别不仅仅是缺少资金，也有观念。无须在我们的作品外面加什么修饰，河水、青草、太阳、月亮无须包装，这或许是我们作品的"境"，自然而然。由此，我想到，玉点十年建筑设计路，或许有了点"玉派"，在其作品没有"高大上"，更无咄咄逼人之气，都很本土、很扎实，在含蓄蕴藉中，谦冲雅静，尽显风流。"玉点"之玉者，有光而抑光，别人看得见温润，而看不到耀眼。刘院长及其玉点院的创作与耕耘可进可退、可收可放，在朴素平静中更显玉质"文章"的中和之美，内在与外在间透着广大与精微。

刘谞和他的玉点院不是那种为建筑设计标新立异而追求形象饥渴的人，在他刚刚出版的《刘谞"私语"》中，表达了他对业内所谓后现代的、伪传统的设计纷纷登场，"非怪不取"的颠覆主义另类的看法，他认为那是完全违背了建筑的本质，放弃了与地域文化相调和的建筑美学思想之真谛。记得享有"艺术史之父"之誉的德国学者约翰·约阿希姆·温克尔曼（1717~1768年）提出一套时代与地方特色的"风格生命周期观念"，尽管现在看来，风格用来指某一特定时期的艺术或建筑所拥有的一套可识别的共同特征，但越来越多的建筑师认为风格和生物一样，确要经历生命周期，选择随意风格的创作自由是必然的，全新的风格不仅来自方法及材质的运用，更来自具有人文主义背景深刻认知与耕耘后的积淀，玉点已经十年，可刘谞院长在新疆的建筑设计已经三十多载，我认为他是那种喜欢独自一人发现问题，再与团队切磋、与好友交流，然后就一个题目深挖下去的人，直至开掘出一片风光明媚的新天地，然后他便沉浸在万叶吟秋的色彩中。有人说，文学是人学，但我更感到，建筑也是人学，是心灵之学，因为好的建筑师总是以个人的心灵意识和心灵感悟为出发点，在通往真理大门、服务公众生活的道路上，敢于承受以冷为热、以苦为乐的奇趣和雅趣。

还在2011年7月27日，我曾在乌鲁木齐主持刘谞编著《玉点——建筑师刘谞的西部创作实践》新书发布会，感受到1/6祖国疆土上的新疆建筑设计界的特有氛围，感受到地域建筑师刘谞对坚守本土设计的执着。很巧，整整三个月后，我们又在北京举办《玉点——建筑师刘谞的西部创作实践》新书首发第二场，并取名"从西域到天下——出版《玉点》+点玉 中国建筑师创作之路"，该会邀请了国内建筑师的名流参加，刘谞也很感慨，那次会之所以给人印象深刻，是因为它并非一般新书"赞歌"会，而在于主办者力求通过刘谞的新书及其创作思想，如何从新疆的

"点"延伸到全国建筑创作的"面",能够让建筑界对设计文化观、创作观、职业观乃至方法论都来一个广泛讨论和总结。对于刘谞,马国馨院士说,他在新疆工作三十年,他的作品及感言给我们建筑界很多启发,这既是刘谞本人的足迹,也是新疆建筑设计史的一部分,作为一个辛勤的优秀建筑师,他尊重文化,推崇原创;崔愷院士评价道:刘谞的建筑创作很独特,很有浪漫激情,他的创作有新疆地域文化要素,也有多元化风格,设计挥洒自如,表达着对时代、地域新的定位及追求;资深建筑师布正伟说:刘谞是位很有血性的建筑师,不装模作样,依旧表里如一。他所坚守的地域文化是在特定时空内,具有很浓本土建筑味道的……若新疆再多几个王小东,再多几个刘谞,在现代中国建筑界新疆可占据重要地位了。由此我想到,如果说三年前出版的《土点——建筑师刘谞的西部创作实践》是用随笔方式讲述刘谞三十载新疆建筑创作"个人史",那么《纪行——玉点建筑设计十年》一书更向业界内彰显着一个刘谞旗下庞大的专业团队的集体风采及其贡献力。

《纪行——玉点建筑设计十年》一书用玉点院十年的设计作品、创作与工程理念、新方案及其未定稿,向界内诠释他们对边疆城市与建筑的理解,在那些或许内地建筑师"不愿做"的项目背后,可感受到玉点设计人是如何超越自我而工作的;在那些看似与我们并不一致的创作语境中,可浓浓体味到学术的激情和来自对文化的深爱。当下谁不想过恬静的生活,尽可能做有用的善事,在山水间露营,这或许是对幸福的诠释。然而,职业建筑师的执业,逼人要挺拔矫健、有时要夸张到位,即能使设计按甲方意图勾点泼染互为一体,有时也体现出不饮自醉的从容率直。从地域文化及传承设计思想出发,读刘谞及玉点院多专业设计师的文字,可感受到一种很现实、很遐想的创作心态。从《纪行——玉点建筑设计十年》一书中还能发现,刘谞及其玉点团队是跨界的,或许是新疆的地缘优势,营造了设计者一种可纵横游走的精神,通过作品及文论给城市建筑与景观的生长提出一系列有深意的思考。但与"跨界"的前沿性及批判的不确定性相比,以文化传承为基因的"守界"或许更难,因为它不是要固守壁垒,而是期望从传统培养中感受到创新。无论我们今天如何期待刘谞及其玉点院团队的"跨界"创作与"守界"传承,但至少他们在用作品说明,两者之一没有偏颇,他们已经找到其适用的规律与法度,做到了跨得出,也守得住。

最后需要说明的是,不论是过去的《建筑创作》,还是现在的《中国建筑文化遗产》、《建筑评论》"两刊",之所以支持刘谞及玉点院,并非仅仅因为我们彼此脾气相投,也并非有共同的意蕴与趣味的追求,而在于真的相信他的慧性与诚心,因此才会对他那些中小型作品丰富的形象、意境和情趣有所冲动,为他的事业心及其责任感所折服。我尤其难忘在《中国建筑文化遗产》、《建筑评论》"两刊"创办伊始的时候,是他与我深耕着"学界"的话语,这里有学术争论,更有思想碰撞与支持。从此种意义上说,我之所以按刘谞兄之邀再作这个编后记,一是表达我对他团队十年成功创作路的祝贺;二是我要更真诚地表达,在迢迢前程上,无论什么样的建筑师、工程师都该在设计之余,追寻且做一点有学术意味的作品,只有这种耕耘,才可酝酿出一个激越、悠远、持久、嘹亮的声音。

祝福玉点院下一个灿烂的"十年"。

金磊

《中国建筑文化遗产》、《建筑评论》"两刊"总编辑

2014年8月

图书在版编目（CIP）数据

纪行——玉点建筑设计十年 / 刘谞主编. —北
京：中国建筑工业出版社，2014.10
ISBN 978-7-112-17308-2

Ⅰ.①纪… Ⅱ.①刘… Ⅲ. ①建筑设计—文集
Ⅳ.①TU-53

中国版本图书馆CIP数据核字(2014)第221543号

责任编辑：郑淮兵　费海玲
责任校对：陈晶晶　关　健

纪行——玉点建筑设计十年

刘谞　主编

＊

中国建筑工业出版社出版、发行（北京西郊百万庄）

各地新华书店、建筑书店经销

北京顺诚彩色印刷有限公司印刷

＊

开本：880×1230毫米　1/16　印张：14　字数：433千字

2014年12月第一版　2014年12月第一次印刷

定价：139.00元

ISBN 978-7-112-17308-2

(26062)